探秘世界系列

DISCOVER THE WORLD

新奇科技之谜

主编／李瑞宏　　副主编／郭寄良

编著／高凡　陆源　胡星　绘／米家文化

浙江教育出版社·杭州

推 荐 序

　　随着人类文明的不断进步，现代的社会生活中到处都是科学技术的应用成果。人们的衣食住行，未来社会的发展，每一样都离不开科学技术的支撑。

　　我们乐观地期待着更加美好的未来，也看到未来事业的发展存在着新的、更多的挑战。少年儿童是未来的希望，毫无疑问，谁对他们的培养、教育取得了成功，谁就将赢得未来。

　　探知人自身以及外部世界的奥秘是人类文明的起点，也是少年儿童的天性。为了提高少年儿童的科学文化素质，适应他们课外阅读的需要，"探秘世界系列"丛书收录宇宙万物中玄奥的科学原理，探究人体内部精微组织与奇妙构造，揭秘动植物界鲜为人知的语言、情绪等行为，介绍最新奇的科技产品和科学技术，再现波澜壮阔的恐龙时代……包括梦幻宇宙、玄妙地球、奇趣动物、奇异植物、新奇科技、神奇人体、神秘恐龙7个主题，是一套全力为少年儿童打造的认识世界的科普读物。

　　本套丛书从科学的角度出发，以深入浅出的语言、神奇生动的画面将其中的奥秘娓娓道来，多角度地向少年儿童展示神奇世界的无穷奥秘，引领少年儿童进入一个生机勃勃、变幻无穷、具有无限魅力的科学世界，让他们在惊奇与感叹中完成一次次探索并发现世界奥秘的神奇之旅，让他们逐渐领悟其中的奥秘、感受探索与发现的无穷乐趣。

此外，本套丛书特别注重科学知识、人文素养及现代审美观的有机结合，3000多幅精美的图片立体呈现了科学的奥秘，书末的"脑力大激荡"充分检验孩子们的阅读能力，而精美的装帧设计，新颖有趣的版式，富有真善美相融合的内涵，使本套丛书变得更加生动、活泼、好看。希望本套丛书能够成为少年儿童亲近科学、热爱科学和学习科学必不可少的科普读物。

　　"芳林新叶催陈叶，流水前波让后波。"相信阅读"探秘世界系列"丛书的小读者们一定会从中获得更多的新感受、新见解。未来的社会主要是人才的竞争，未来的世界等着你们去创造，去发现，你们一定能成为未来社会的精英，成为推动世界科学技术发展的强劲后波。

中国自然科学博物馆协会理事长　　**徐善衍教授**
清华大学博士生导师

目录
Contents

探秘世界之旅
现在开启

文字的亲密朋友
——从竹简到电子书

你知道中国古代的四大发明是什么吗?

你知道一本畅销书、一张人民币和一张报纸之间有哪些相似的地方吗?这个问题很简单:它们都属于纸质产品。那么,纸又是怎样被制造出来的呢?它为什么会成为文字的亲密朋友呢?

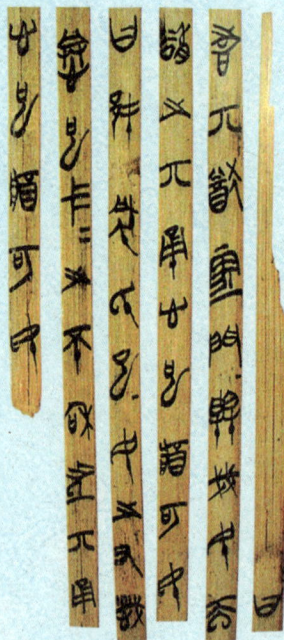

世界上最早的书

1993年10月,郭店楚简出土于中国湖北省沙洋县纪山镇郭店一号楚墓。这是一次轰动全世界的考古大发现。郭店楚简是迄今为止世界上发现的最早的原装书。它共804枚,其中有字简726枚,简上字数13000余个。经古文字专家研究整理得知,郭店楚简全部为先秦时期的18篇典籍,其内容为儒家和道家著作。众所周知,秦始皇的焚书坑儒政策使先秦大量的学术典籍付之一炬,但郭店楚简在此之前就深埋地下,因此逃过了这一劫难,最终重见天日。

造纸术——人类文明史上的杰出成就

造纸术是中国古代四大发明之一，是人类文明史上一项杰出的成就。105年，蔡伦总结前人的经验，发明了以树皮、麻头、破布、旧渔网等为原料造纸的工艺。这大大提高了纸张的质量和生产效率，扩大了纸的原料来源，降低了纸的成本，为纸张取代竹帛开辟了广阔的前景，为文化的传播创造了有利的条件。

从树木到纸——复杂的工艺过程

造纸的主要原料是树木，不过从一棵树到一张纸需要经过很多复杂的步骤。目前，世界各地的造纸厂都用机器来生产各种各样的纸。

1. 种植树木并进行砍伐。

纸张的生产原料是专门用于造纸的树木。

2. 砍伐下来的树木要剥去树皮。

剥皮机可以将树皮与树木剥离开来。

3. 加工成木屑。

木屑机将剥去树皮的原木变成小木屑。

4. 形成纸浆。

高温和化学制剂使木屑变成纸浆。

5. 加水。

在纸浆中加入水，使其更湿润。然后，湿湿的纸浆进入宽宽的网筛机中。这时，纸浆将被初次烘干。

6. 压榨。

让湿纸经过许多个内通热蒸汽的圆筒表面，去除过多的水分。

7. 干燥。

用热的滚筒使纸干燥，并使其更平滑、更柔顺。

活字印刷术
——使纸有了生命和灵魂

印刷术是中国古代四大发明之一。它开始于隋朝的雕版印刷，经北宋毕昇发展、完善，演变为活字印刷术，并由蒙古人传至欧洲，所以后人将毕昇称为印刷术的始祖。中国的印刷术是人类近代文明的先导，为知识的广泛传播、交流创造了条件。

铅字印刷术
——使书业获得迅速发展

1440～1445年，德国人约翰内斯·古登堡制造出世界上第一台铅活字印刷机，所用的铅字由铅、锑、锡合金制成，并于1450年前后开始使用铅合金浇铸活字排印书籍。铅活字印刷术使书业获得了迅速发展，也使书业进入了工业时代。

纸与环境

回顾历史，纸质书表达了人们的情感，记录了历史，并传授了知识。同时，造纸业使很多人有了工作，创造了经济收入。不过，造纸的许多工艺环节对环境非常不利。造纸产生的大量污水排入河流，会造成水污染，同时还带来了多个废物垃圾站。随着互联网的发展，人们逐渐开始使用电子书。

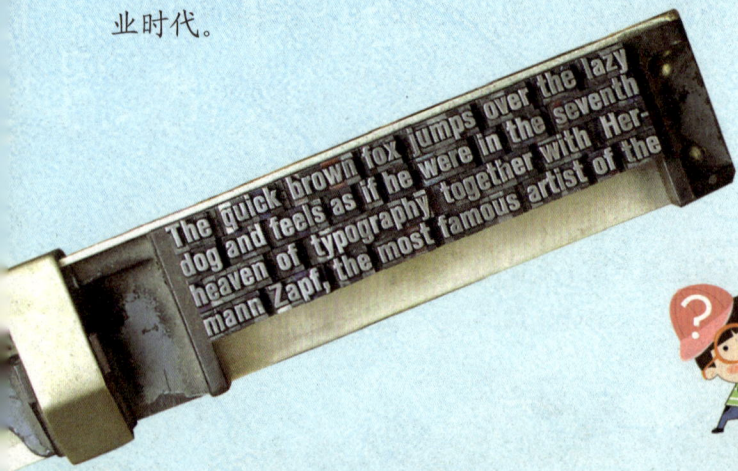

电子书都有些什么格式？

数字化的图书——电子书

电子书通过数码方式将知识记录在以光、电、磁为介质的设备中，必须借助于特定的设备来读取、复制和传输。你可以通过网络将电子书下载至常见的平台，例如个人电脑、平板电脑或是手机，甚至电视机，或是任何可大量储存数字阅读资料的阅读器，通过这些平台来阅读。相对于传统纸质的图书，电子书不仅省下纸张，而且可以添加声音、影像，丰富了知识载体。

有TXT、DOC、HTML、PDF等格式。

不伤眼的阅读器——电纸书

电纸书是阅读电子书的一种设备，是一种平板显示器，可以阅读网上绝大部分格式的电子书，比如PDF、TXT、EPUB等格式。与传统的手机等设备相比，电纸书阅读器有辐射小、耗电量低、不伤眼睛的优点，而且它的显示效果逼真，能够获得和实体书接近的阅读体验。

这是因为，不同于一般的显示器通过发光来实现显示功能，电纸书如同普通纸一样，依靠环境光照亮，阅读起来比较舒适，而且其显示的影像在阳光直射下仍然清晰可见，对比度比其他显示技术高很多。

现在，电纸书正以其优秀的阅读体验，方便的携带而受到越来越多人的喜爱。

既有牙齿
又有手的手机

如果你的车钥匙被锁在车里了，你会怎么办？你试过用手机开车门吗？

现在，几乎所有的成年人都有手机。手机已经成为日常生活中不可缺少的通信工具。你知道手机的工作原理吗？

当使用手机进行呼叫时，手机会发射无线电波。这些无线电波可被距离最近的基站接收，一旦基站接收到手机传来的无线电波，就会将其传输到交换台，交换台根据当前呼叫的类型将呼叫转接到另一个基站或固定电话线网络，从而实现通话。这就是手机的工作原理。

手机的功能非常多，既可以打电话，又可以阅读，还能打开车门……你知道其中的原理吗？

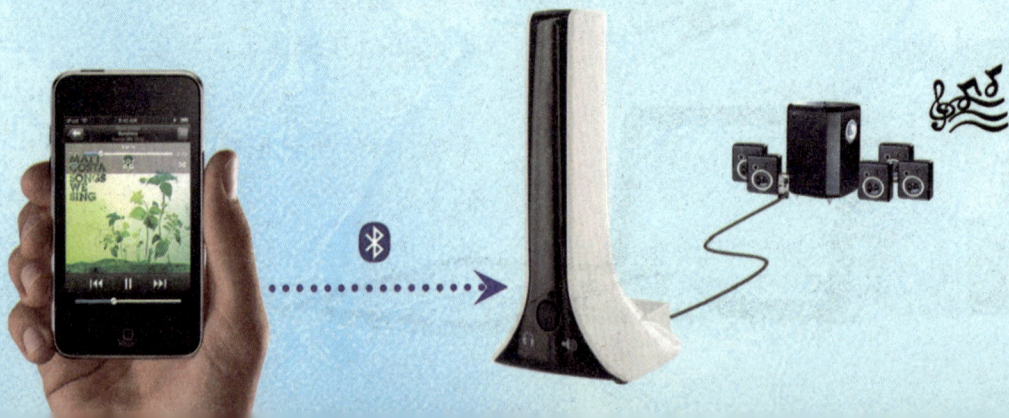

Bluetooth

蓝牙的妙用

蓝牙是一种支持设备短距离通信（一般是10米之内）的无线电技术，能在包括移动电话、PDA、无线耳机、笔记本电脑、相关外设等众多设备之间进行无线信息交换。蓝牙技术的优势在于支持语音和数据传输；采用无线电技术，传输范围大，可穿透不同物质以及在物质间扩散；采用跳频展频技术，抗干扰性强，不易被窃听；功耗低，成本低。

"蓝牙"的得名缘由

蓝牙这个名称来源于10世纪的一位丹麦国王。因为这位国王很喜欢吃蓝莓，牙龈每天都是蓝色的，所以他被人们称为"蓝牙"。在行业协会筹备阶段，人们需要一个极具表现力的名字来命名这项高新技术，经过一场关于欧洲历史和未来无线技术发展的讨论后，人们认为用这位国王的名字命名再合适不过了。这位国王口齿伶俐，善于交际，就如同这项即将面世的技术一样。于是，这项技术被命名为"蓝牙"。

www

用手机打开车门

你想过未来可以用手机帮助你遥控一些操作系统吗？比如，通过手机打开车门。这项功能现在已经实现。用手机打开车门的关键就是一个蓝牙模块。你可以从一个廉价的无线打印机上找到这种蓝牙模块，它能够接收手机发出的指令，并将指令传送给与汽车的备用电子钥匙相连的开关。就像以前向打印机传送你要打印照片的指令那样，手机传送信号会触发汽车的开锁装置。你可以把蓝牙模块放置在车座下面（可以用汽车点烟器电源来提供电力），只要点击手机上的几个按键，就可以在3米以外打开你的车门了。

一部手机行天下

随着移动互联网的发展，人们的消费习惯正在悄然发生改变。随着各种各样的移动支付平台不断发展，人们出门只带一部手机就够了。点开手机地图，一些"提示泡泡"就会冒出来，显示附近有什么好吃、好玩的，还会给你规划最佳路线。错过一班公交车，就可以用手机约一辆车，并用手机付费。去店里买书或吃饭，结账时用手机扫一下即可。你还可以用手机挂号、交水电费……在城市里就可以实现一部手机走遍全城的梦想。

手机使用时有危害吗

当人们使用手机时,手机会向发射基站传送无线电波,这些电磁波被称为手机辐射。

手机辐射通常通过SAR值来衡量。SAR代表生物体(包括人体)每千克容许吸收的辐射量,这个SAR值代表辐射对人体的影响,是最直接的测试值,SAR有针对全身的、局部的、四肢的数据。SAR值越低,说明被人体吸收的辐射量越少。

手机对人体健康到底有什么损害,目前全球科技界尚无定论,任何一家跟踪研究手机辐射问题的机构,都还没有足够的证据能够证明手机和移动基站会对健康造成威胁。绝大多数科学家认为,日常生活中的电磁辐射对人体健康没有危害。

蓝牙是有线的还是无线的?

蓝牙是一种无线通信技术。

5G高速列车

你知道什么是5G吗?

打开智能手机,你会看到屏幕右上角的4G标志,这让你在没有Wi-Fi的环境下也可以流畅上网;与此同时,智能手表、健身追踪器、智能城市等基于4G网络的应用与设备也如雨后春笋般出现。

而当我们沉浸于此时,以高通、华为为代表的一些公司正在重新定义网络——一个可以连接一切事物的网络,从无人机到外科手术器械,一切皆有可能在无线5G网络里实现。

你一定很好奇,5G是什么,它是比4G多了一个G吗?让我们从头说起。

从1G到5G

这儿的G指的是Generation,也就是"代"的意思,1G指的是第一代移动通信技术,2G、3G、4G、5G分别指第二、三、四、五代移动通信技术。

从1G到4G,每更新一代,传输的信息量都成倍增长,从模拟信号到数

字信号，从只支持语音通信到支持高速视频传播，从每秒几千个字节到每秒几百兆字节的传输速度，我们见证了移动通信技术的飞速发展。

5G网络是4G网络的升级版，它将在4G网络的基础上，带来更高网速的提升。4G能达到一秒传输150MB的信息量，而5G在此基础上将速度提升十倍以上，预计速度可达到每秒10GB。

如果把4G比喻成高速公路，那么5G就是高速列车。5G不仅需要为智能手机、平板和笔记本提供快速的网络连接，同时还要将大量智能、高效、低成本、低复杂度的设备连接起来，并确保这些设备在极具挑战的条件下也能保持连接。

5G并不遥远

许多国家早已开始积极推动5G的发展：欧盟预计将于2018年启动5G技术试验，日本计划在2020年东京奥运会之前实现5G网络商用。2015年10月，国际电联ITU确定将在2017年开始征集5G（IMT-2020）技术方案，并于2020年完成其标准化工作，正式打响全球5G竞赛的发令枪。

在我国，5G也不再是一个未来时的概念，我国于2016年1月启动5G技术研发试验，计划按照关键技术试验、技术方案验证和系统验证三个阶段于2016～2018年开展5G试验。

在此基础上，我国预计将在2020年实现5G网络商用。

5G网络的优点

高速度 5G网络将拥有更快的下载速度，更流畅的高像素视频效果。按照预期，5G的传输速率可达到10GB/s，这就意味传输一部高清电影只需几秒！如此高的传输速度也会带来一些其他应用，比如云端游戏（游戏在云端服务器执行，只把执行画面传回手机，这样配置不高的手机也能玩大型游戏）、虚拟现实（把运算放到云端，手机端只负责输出画面）等。

低延时 5G网络将拥有快速响应时间。在你点击网页或者计算机接收信号的时候，你需要等待几十毫秒的时间，这就是网络的延迟时间。在语音通话情况下，这个延迟是可以接受的，但是当无人机编队在拥挤的城市飞行时，如果出现数十毫秒的延迟，将可能发生问题。5G使用"超可靠低延迟通信技术"，计划将延迟时间降到5ms以下，基本达到"即时"效果。

高容量 权威机构预测，到2020年，如果要实现更多、更优的信息化应用，全球需在移动通信网络上容纳2000亿台级别的设备或机器，单单是智慧城市、智能交通、工业自动化这三项就需要连接近300亿台设备。如此海量的设备涌入，网络的容量、速率、高可靠性如何保障？目前来看，以5G为代表的新一代移动通信技术可担重任。

关键技术

各大厂商纷纷提出新的技术以实现5G，主要体现在毫米波、小基站、大规模天线阵列、全双工以及波束成形这五大技术上。现在，我们需要做的就是等待这些技术从实验阶段走向商用了。

畅想5G

人们已经迫不及待开始畅想未来了！在5G的未来世界里，无人机可以成队列飞行；几十亿个无线传感器持续不断地监测地球的状况；所有的车都通过中央控制中心进行管理，利用各类交通数据，为汽车规划最合理的行驶路线，实现智能交通；地球这一端的医生可以远程指挥另一端的机器人在手术台上操纵手术刀，甚至借助机器手臂进行手术；当有快递包裹或是陌生人站在门口的时候，家庭智能监控系统能够向户主发出提醒……

5G快速和可靠的通信连接，已经有足够能力把人和人、人和物、物和物都连成一体，可穿戴智能终端、车联网终端以及各类大大小小的智能终端，都将连接上这张网。畅想一下这样的场景：清晨醒来，卧室的灯和窗帘自动开启；来到卫生间，洗脸水已自动调至适合的温度，智能牙刷记录并上传牙齿以及口腔的实时数据；吃过早餐，眨几下眼睛，汽车就带着你自动行驶在马路上……

也许，这样的场景很快就会实现，手表、眼镜、牙刷、球鞋、自行车等个人用品，城市的停车位、垃圾箱、广告牌、路灯等基础设施，都将是这张庞大无比的网上的一颗颗小沙砾，工厂里的各种装备设施也都将被连接到移动网络上，从自动化走向信息化和智能化。在这些连接的基础上，新的应用比如实时视频分享、随时随地云接入、虚拟现实等都将成为现实……

相比于4G，5G有什么优点？

它速度更快，使万物互联成为可能。

上门收垃圾的机器人

你家的垃圾是如何处理的?

　　大家一定看过获得第81届奥斯卡最佳动画长片奖的《机器人总动员》。这部影片由皮克斯动画工作室制作,迪士尼电影发行,耗资18亿美元。影片的故事发生在2805年,由于人类过度破坏环境,地球此时已经成为飘浮在太空中的一个大垃圾球,人类不得已移居到太空船上,并且聘请一家公司清除地球上的垃圾,等待着有一天垃圾清理完,重新回到地球上。于是,这家公司向地球运送了大量机器人来捡垃圾,但是这种机器人并不适应地球的环境,渐渐地都坏掉了,最后只剩下一个机器人还在日复一日地按照预定程序捡垃圾。这个机器人名叫瓦力,随着时间的流逝,它逐渐有了自我意识,开始感到孤独。有一天,一艘飞船差点落在它的头顶,一个先进的机器人伊芙来到地球负责搜索一些东西。影片接下去讲述了瓦力与伊芙进入太空历险的一系列故事。那么,现在世界上是否有真正的清扫型机器人呢?

上门收垃圾的机器人

机器人是自动执行工作的机器装置。它既可以接受人类指挥，又可以运行预先编排好的程序，也可以根据人工智能技术制定的原则纲领行动。它的任务是协助或取代人类工作，常见于制造业、建筑业或某些危险的工作。

随着机器人技术的发展，机器人被越来越多地应用到日常生活中，其中包括在家打扫卫生的扫地机器人、能够自己上门收垃圾的智能机器人，这些都是懒人的好帮手。通常，上门收垃圾的机器人身体的主要部分就是一个可以进行垃圾分类的大抽屉。当它们收到处理垃圾的需求时，就会根据系统指示的路线，上门收取垃圾。

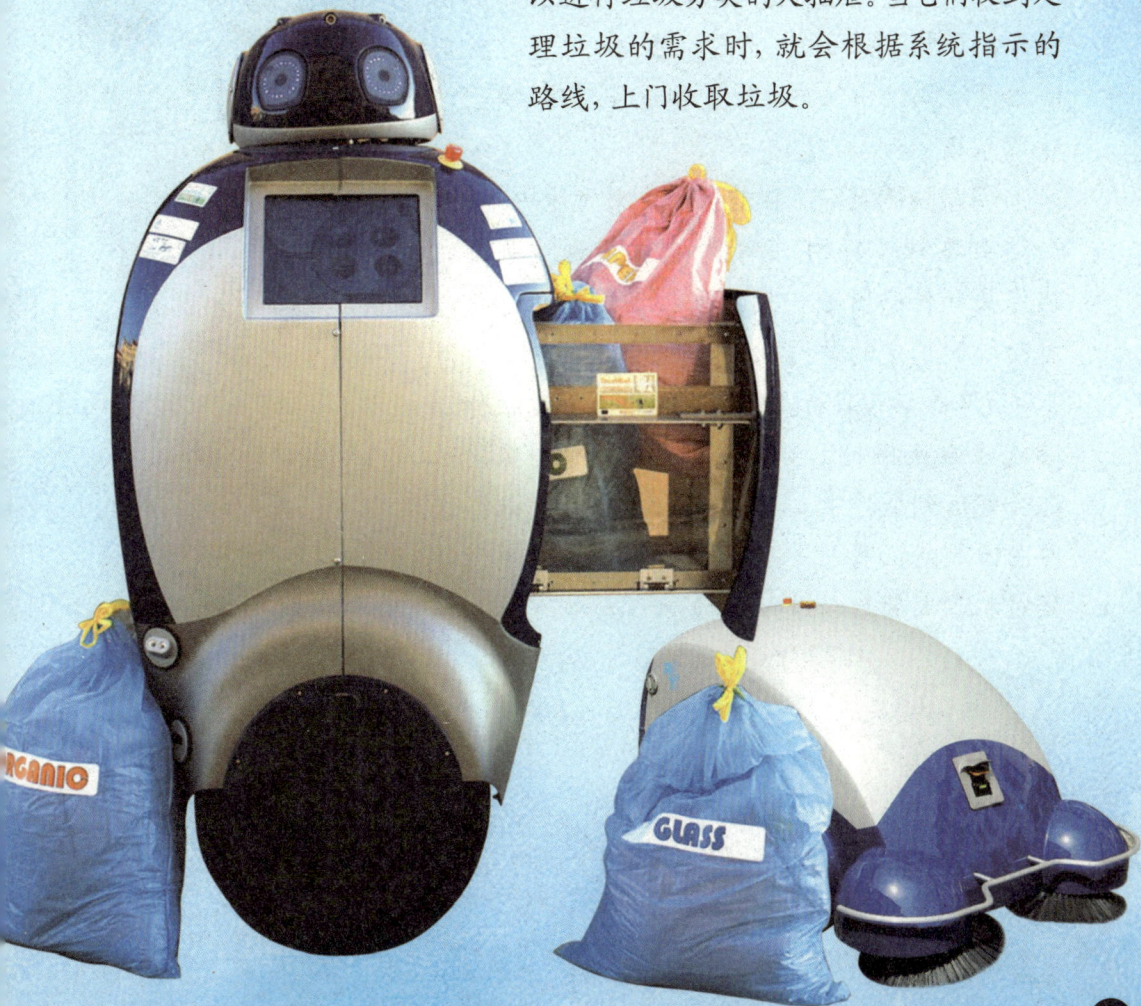

上门收垃圾机器人的法宝

这些机器人能够准确无误地完成上门收取垃圾的任务，是因为它们拥有下面几件法宝。

自我平衡系统　在这些机器人的底部通常都会装有具备自我平衡能力的系统，这种系统能够保证它们在经过各种不同的路面时都能平稳地前进。

三角定位测绘系统　根据用户发出指示的信号源，通过卫星给出三角定位参数，并通过三角测绘系统描绘出住户的位置和最佳路线，并上门收取垃圾。

闪避障碍系统　在前往用户家的途中，必然会遇到各种障碍物，智能机器人会通过头部的摄像头和传感器等识别系统扫描前方的道路，自动躲避固定的障碍物。此外，它还能判断自行车、汽车等活动目标，并迅速计算出合适的行进路线以避免碰撞。摄像头拍摄的视频图像同时还会发送到监控中心，那里的管理人员会根据这些图像判断机器人是否一切正常，并在需要的时候对机器人的行动进行干预。

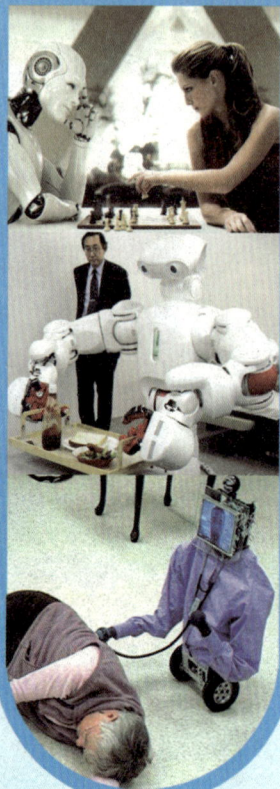

机器人在上门收垃圾的途中是通过什么系统来确定用户的位置的？

它们用的是：三角定位测绘系统。

机器人的未来发展方向

开发全自动化的智能系统将是未来机器人的发展方向，这些智能机器人能与周围环境进行"交互"，这就意味着机器人能处理大量信息，并具有极强的计算能力。届时，那些最好、最先进的机器人将会被用于解决实际生活中的各种具体问题。

机器人与人——谁是主人

美国是机器人的发源地，但机器人的拥有量远远少于日本。其中部分原因就是因为美国有些工人不欢迎机器人，从而抑制了机器人的发展。日本之所以能迅速成为机器人大国，原因是多方面的，但其中很重要的一条就是当时日本劳动力短缺，政府和企业都希望发展机器人，国民也都欢迎使用机器人。由于使用了机器人，日本尝到了甜头，它的汽车、电子工业迅速崛起，很快占领了世界市场。从现在世界工业发展的潮流看，发展机器人是一条必由之路。没有机器人，人将变成机器；有了机器人，人就能成为真正的主人。

计算机与人类的竞赛

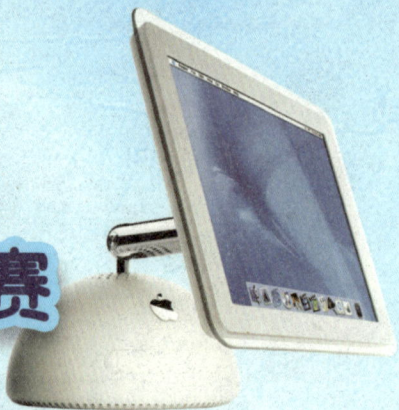

你认为计算机与人脑相比,具有哪些优势?

计算机是一种能进行高速计算的电子计算机器,它的计算精度高、速度快,具有强大的记忆力和逻辑判断能力。

从计算机诞生的那一刻开始,人类就一直渴望造出一台超越人脑的计算机。而随着计算机的发展和超级计算机的出现,计算机与人类之间的竞赛逐渐展开。

人机早期对抗

1959年，美国的塞缪尔设计了一个西洋跳棋程序。这个程序具有学习能力，它可以在不断的对奕中改善自己的棋艺。4年后，这个程序战胜了设计者本人。又过了3年，这个程序战胜了美国一个保持8年不败纪录的冠军。

20世纪90年代，计算机程序"奇努克"（Chinook）向国际跳棋冠军马里恩·廷斯利发起挑战，此前这款计算机程序从未被击败过，但此次廷斯利战胜了它。

战胜国际象棋冠军

1997年，美国IBM公司研发的"深蓝"超级计算机在比赛中，以两胜一负三平的成绩首次击败了当时世界排名第一的国际象棋大师加里·卡斯帕罗夫。"深蓝"重1270千克，有32个大脑（微处理器），记忆了100多年来200多万盘优秀棋手的棋局，每秒钟可以计算2亿步，它依靠强大的计算能力来选择最佳策略。

不过这不是最早的象棋大师与计算机之间的竞赛。1963年，国际象棋大师兼教练大卫·布龙斯坦怀疑计算机的创造性能力，同意用自己的智慧与计算机较量。下棋的时候，他非常自负地让了一个子。但当对局进行到一半时，计算机就把布龙斯坦的一半兵力都吃掉了。这时，布龙斯坦要求再下一局，这次不再让子了！

向围棋大师下战书

随着计算机技术和人工智能技术的进步，人类在棋盘上的阵地不断"失守"，只剩下"最后一块棋盘"——围棋。这项起源于中国古代的棋类游戏棋盘变化繁复，"千古不同局"，计算机无法仅通过"蛮力"计算所有可能的走法来取胜。

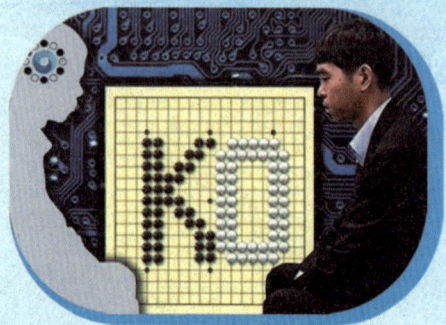

Google旗下公司研发的人工智能围棋程序"阿尔法围棋"（AlphaGo），通过深度学习与神经网络相结合的方式来模拟人脑的学习过程。它可以自主学习，在掌握全球各种对局后，又和自己对弈了3000万盘。2016年3月9日至15日，它向世界排名第二的韩国棋手李世石发起挑战，最终以总比分4比1挑战成功。

一年后，它又升级为"大师"（Master），在60场互联网棋局车轮大战中，几乎把中、日、韩三国围棋界天才与泰斗都挑落马下。这表明，在30秒快棋领域，"大师"几乎已经彻底击败了人类的顶尖棋手。

计算机与人类的新竞赛——战胜智力竞赛冠军

2011年2月17日，由IBM和美国德克萨斯大学联合研制的超级计算机"沃森"在美国智力问答节目《危险边缘》中挑战两位人类冠军，它以答案的形式给出线索。参赛者需要大量的历史、文学、政治、科学及流行文化知识，还需要解析具有隐晦含义的谜语。虽然比赛时不能接入互联网搜索，但"沃森"存储了2亿页的数据，包括各种百科全书、辞典、新闻，甚至维基百科（类似中国的百度百科）的全部内容，它每秒可以处理500GB的数据，大约相当于1秒内阅读100万本书，3秒内检索数百万条信息。"沃森"可以分析题目，并以人类语言输出答案。最终，"沃森"战胜了该节目的两位"常胜将军"，勇夺100万美元的大奖。

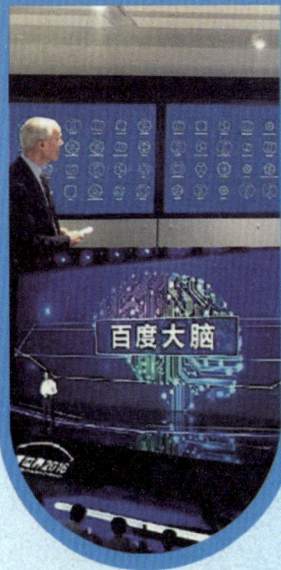

在比赛节目中，"沃森"按下信号灯的速度始终比人类选手要快，但在个别问题上反应困难，尤其是只包含很少提示的问题。对于每一个问题，"沃森"会在屏幕上显示3个最有可能的答案。

"百度大脑"挑战人类"最强大脑"

2017年，代表中国人工智能最高水平的"百度大脑"现场挑战参加《最强大脑》节目的选手，在图像识别和语音识别等领域一决高下，上演一场"与未来相见"的巅峰对决，人机双方不仅比拼记忆、逻辑、运算等方面的能力，还比拼听觉、视觉。

在网红脸识别、寻找盗贼这两场与图像识别有关的面部识别比赛中，"百度大脑"获胜；在声纹识别比赛中，"百度大脑"和人类打成平手。随着人工智能的发展，计算机又一次战胜了人类！不过，我们可以畅想，在不远的未来，"百度大脑"的这些技术可能会更多地投入到相关的应用中，比如刑侦、金融等领域，为人类的发展做出贡献。

计算机更优秀。

在计算能力上，人类与计算机相比，哪个更优秀？

虚拟现实和增强现实

你知道虚拟现实是怎么实现的吗?

在1935年出版的小说《皮格马利翁的眼镜》中,提到一副神奇的眼镜,戴上这副眼镜后,就能"看到、听到、尝到、闻到和触摸到各种东西,你就在故事当中,能跟故事中的人物交流。你就是这个故事的主角"。

随着科技的发展,这种神奇的眼镜已经不再是科幻,它变成了现实。这就是虚拟现实技术。

虚拟现实

虚拟现实(Virtual Reality,缩写为VR),简称虚拟技术,是利用计算机模拟生成一个三维空间的虚拟世界,并完全将其展现出来,让用户感觉身临其境,及时、没有限制地观察三维空间内的事物。

在这个虚拟的世界中,我们能够自由移动,观看风景,和在真实的世界中一样。我们有着足够的自主性,甚至可以捡起一块石头攻击敌人。这种由计算机技术辅助生成的高科技模拟系统,与传统模拟技术最大的不同,就在于这个模拟的世界能带给体验者和真实世界一样的感受。

虚拟现实的设备

头盔显示器 为了让你的大脑能感知虚拟环境,系统需要向你展示三维影像。最受大家欢迎的体验虚拟现实的方式是通过头盔显示器,这种设备看起来像大的护目镜或头盔，带上这种头盔，你就可以感受一个完全不同的立体世界。头盔中有两块镜片，镜片后是屏幕，左、右眼对应的屏幕分别显示左、右眼看到的略有差别的图像，人眼获取这种带有差异的信息后，就在脑海中产生立体感，加上耳边传来的声音，你就会感觉自己真的在那儿。

头部和眼部追踪传感器　有些头盔显示器带有头部追踪传感器，用来追踪你的头部运动，然后根据记录的数据移动放映图像，这样显示器中的图像就会随着你的视角变化而变化：如果你向左转头，会在你的左手边显示环境里的所有场景。有的头盔显示器甚至植入眼部追踪技术，呈现的影像与用户眼睛所看的方向相匹配。

数据手套和数据衣　为了让你真实地沉浸在虚拟环境中，真正改变你对现实的感知，虚拟现实系统必须实现交互性。虚拟现实系统通过数据手套、数据衣等设备实现用户和虚拟环境的互动，在这些设备中大多装有传感装置，用户通过其进行控制导航，能够穿越虚拟环境中的空间，对虚拟物体进行操控。你会觉得你不是在看一个精心制作的3D电影，而是你就是这个场景的一部分，你能够在这个场景中自由移动，甚至与其进行互动。

虚拟现实走向未来

随着各路资本的强势注入，虚拟现实应用场景迅速从军用市场扩展到企业市场，再到大众市场，深入游戏、影视、建筑、教育、设计、医疗、展览等众多领域。

业内人士指出，不远的将来，我们只需在家里安装虚拟现实设备，便可以足不出户地穿梭于各个虚拟场景：时而在商店的衣帽间里试穿新衣，时而在诊室里与医生面对面交流，时而在足球场上观看比赛，时而去一栋将来的大厦中探访……

虚拟课堂

在虚拟现实技术的帮助下，你可以坐在一间虚拟的教室中，倾听一位虚拟的历史老师带来的讲座，老师演讲用的幻灯片也会显示在他身后的虚拟屏幕上。他会带你目睹考古学家如何发现恐龙的化石；当他介绍历史时，你会被"传送"到圆明园的废墟之上，亲身体会当时发生之事。

生物课上，你可以走进人体的心脏，看心脏是如何将血液传输到身体每个地方的；天文课上，你可以站在土星旁，观察土星光环；工程或者建筑课

上，你可以设计虚拟的建筑物并进行操作，用双手抓住、旋转并且拼接虚拟的物体……虚拟现实让复杂的概念变得简单，它将给我们的课堂带来无限乐趣。

增强现实

增强现实（Augmented Reality，缩写为AR），是指通过电脑技术，将虚拟的信息应用到真实世界中，真实的环境和虚拟的物体实时地叠加到同一个画面或空间中，让它们同时存在。和虚拟现实将我们完全浸入新的世界不同，增强现实是在现实世界中覆盖虚拟的3D图像，你的身体几乎没有或者完全没有感官输入。

增强现实技术不仅在与虚拟现实技术相类似的应用领域，诸如尖端武器、飞行器的研制与开发、数据模型的可视化、虚拟训练、娱乐与艺术等领域被广泛应用，而且由于其具有能够对真实环境进行增强显示输出的特性，在医疗研究与解剖训练、精密仪器制造和维修、军用飞机导航、工程设计和远程机器人控制等领域，也具有广泛的应用前景。

不过这两项新兴技术并非相互矛盾的选项，它们只是不一样的工具，可应用于不同的主题和不同规模的人群。科学家正试图将两项技术的优点结合起来，这就是混合现实技术。

增强现实是虚拟现实的加强版，这个说法正确吗？

不正确，两者有本质的不同。

智能制造
——奔向工业4.0时代

你知道第一次工业革命率先发生在哪个国家吗？

18世纪中叶以来，人类历史上发生了三次工业革命。第一次工业革命开创了"蒸汽时代"（1760～1840年），引导农耕文明向工业文明过渡；第二次工业革命将人类带入"电气时代"（1840～1950年）；第二次世界大战之后，随着计算机的发明，人类进入第三次工业革命，开创了"数字时代"和"信息时代"，全球信息和资源交流变得迅速起来。

进入21世纪，互联网、物联网、生物技术等方面的进步正推动一场新的工业革命，德国为了提高本国制造业的竞争力，提出"工业4.0"战略，也就是第四次工业革命，要建立一个高度灵活的个性化和数字化的产品与服务的生产模式。与此同时，我国也发布了《中国制造2025》，以智能制造为主攻方向。新的工业制造模式悄然兴起。

智能制造

智能制造是指通过人与智能机器的合作，让智能机器部分取代专家的脑力劳动，使制造过程更加智能化。具体来说，在现代传感技术、网络技术、自动化技术、拟人化智能技术等先进技术的基础上，通过智能化的感知、人机交互、决策和执行技术，实现设计过程、制造过程和制造装备智能化，将信息技术、智能技术与装备制造技术深度融合起来。

除了制造过程本身可以实现智能化外，还可以逐步实现智能设计、智能管理等，再加上信息集成、全局优化，逐步提高系统的智能化水平，最终建立智能制造系统。这个系统不仅能够在实践中不断地充实知识库，具有学习功能，还会搜集与理解环境信息和自身的信息，并可以分析判断和规划自身的行为。

3D打印：从大批量制造走向个性化定制

普通打印机将红、黄、蓝三原色进行混合，打印出各种鲜艳的颜色，而3D打印机则是以硅（沙子）、塑料和金属粉末等为原料，按照由电脑设计好的三维立体模型通过特殊的3D打印机，打印出3D形状的物体。

建模 可以使用计算机辅助设计软件包或3D扫描，生成关于真实物体的形状、外表等的电子数

> 我可以用3D打印机打印出一间自己的屋子来吗？

> 当然可以，你可以设计自己喜欢的风格。

据并进行分析，生成被扫描物体的三维电脑模型，即3D打印模型。

修正及生成代码 打印3D模型前需要先进行"流形错误"检查，这一步通常称为"修正"。完成修正后，使用软件将模型转换成一系列薄层，同时生成代码文件，其中包括针对3D打印机的定制指令。

打印 用3D打印客户端软件打印代码文件。3D打印机根据代码，从不同的横截面将液体、粉末、纸张或板材等材料一层层组合在一起，这些层次与计算机辅助设计模型中的虚拟层次都是相对应的。这些真实的材料层或人工或自动地拼接起来形成3D打印成品。

3D打印无需机械加工或任何模具，就能直接从计算机图形数据中生成任何形状的零件，缩短了产品的研制周期，它可以进行大批量的个性化定制：不仅可以打印巧克力、糖果，也可以打印衬衫、飞机、汽车、房子，甚至可以为失去四肢的残疾人打印一些耐用的假肢！

机床：从数控到智能

在现有技术基础上，数控机床将由机械运动的自动化向信息控制的智能化方向发展。它可以在无人干预的情况下，自己对变化的情况做出"聪明的决策"：监控、诊断在生产过程中出现的各类偏差，对其进行修正，为生产的最

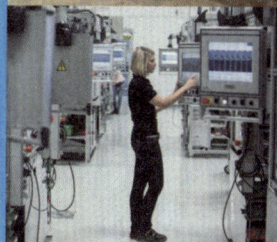

优化提供方案；计算出所使用的切削刀具、主轴和轴承等的剩余寿命，让使用者了解其剩余使用时间和替换时间；自行分析众多与机床、加工状态、环境有关的信息及其他因素，然后自行采取应对措施来保证最优化的加工。换句话说，机床进化到可发出信息和自行进行思考的程度。

工业智能机器人

工业机器人是面向工业领域的多关节机械手或多自由度的机器装置，它能自动执行工作，靠自身动力和控制能力来实现各种功能。在工业4.0时代，我们则使其智能化。

智能机器人和工业机器人不一样，它可以根据外界条件的变化，在一定范围内自行修改程序，根据外界条件变化对自己作相应调整。在未来，它也许会具备自动规划能力。

工业互联网

每一个企业的资源都是有限的，用互联网把我们的工业系统与高级计算、分析、感应技术相互融合，达到社会资源的优化组合。例如，我们可以把CAD数字化制造服务网、3D打印、性能测试服务网中过去由员工执行的工作任务，外包给非特定的大众网络，大家一起完成产品的开发和数字化制造。工业互联网可以让知识流动起来，补足中国制造业开发能力弱的短板，让互联网带动制造业发展。

量子计算机和量子保密通信

你知道谁提出了量子的概念吗？

2016年8月，我国量子计算机研究取得突破性进展，中国科学技术大学量子实验室成功研发了半导体量子芯片。就在同一个月，我国"长征二号丁"运载火箭成功将世界首颗量子科学实验卫星"墨子号"发射升空，它将第一次在太空中实现最先进也最安全的信息传送手段——量子通信。那么，到底什么是量子？它又是怎样被应用到技术中去的呢？

量子力学

我们生活在一个宏观的世界，在这个世界中，物体的运动规律都符合经典物理的运动规律，我们可以知道一个物体确定的位置、运动轨迹以及状态。但是，当这个物体越来越小，小到原子、光子、电子等构成物质的基本单元尺度时，它的位置、运动轨迹、状态就不再遵从经典物理的规律，而是遵从新的量子世界的规律——量子力学，它描述微观粒子的运动规律。

它和相对论一起，构成了现代物理的两大支柱。在研究一个电子是怎样运动的过程中，人们发明了晶体管，这是科技史上具有划时代意义的成果，人类从此进入飞速发展的电子时代；在讨论光子和物质相互作用的过程中，发现了受激辐射，由此带来了激光；还有核聚变……

奇妙的量子世界

在量子世界中，粒子的位置、运动轨迹、状态不再是确定的，而是概率性的。正因为如此，量子世界有着很多奇特的性质。

量子态和叠加态　在宏观世界，物质某个时刻只能处在一个确定的物理状态上，而在量子世界中，量子可以同时处在各种可能的物理状态，我们称这些物理状态为量子态。各种物理状态线性叠加出一个新的物理状态，这种叠加态也是量子态。比如光子的偏振状态，可以沿水平方向振动，也可以沿竖直方向振动，还可以处于45°斜振动，因此，光子的物理状态可以看成水平和竖直两个状态的相干叠加。

不确定性　只有在被观测或测量时，才会随机地呈现出某种确定的状态，但不能准确预测对于可观察量做单次测量而获得的结果，只能够给出各种可能获得的结果与获得这结果的可能性。也就是说，在某一时刻，我们不能确定粒子在轨道上的确切位置，我们只能给出粒子在某一位置出现的可能性。

幽灵般的超距作用——量子纠缠　量子纠缠是指相距遥远的两个量子所呈现出的关联性。科学家早就发现，处于特定系统中的两个或多个量子，即使相距遥远，也都有"心灵感应"：当其中一个量子状态改变时，其他量子也会随之改变。

是不是所有的量子都有"心灵感应"？

不是的，要在特定系统中才可以。

来自量子世界的量子技术

随着对量子世界认识的加深，人们开发出把量子系统"状态"所带有的物理信息，进行计算、编码和信息传输的全新信息方式，也就是量子信息技术，包括量子通信、量子计算机、量子模拟、量子度量等。

量子信息按载体可分为两类，一类以光子为载体，特别适合传输量子信息，用于量子通信、量子网络、量子精密测量等；一类以电子、原子核、原子等为载体，特别适合存储和处理量子信息，用于量子计算机、量子模拟、量子芯片等。

量子计算机

电子计算机大约每经过24个月，速度就会翻一倍，这就是摩尔定律，现在这个变化周期已经被缩短为18个月。随着工艺的提升，芯片中的晶体管越做越小，其通过的电子就会越来越少，这就会出现量子效应。

由于量子效应的出现，经典计算机高速发展的摩尔时代必将告一段落，量子计算将成为具有标志性的新技术，它结合量子物理与计算机科学，可以突破现有芯片的物理极限，实现经典计算机无法做到的强大计算功能。

传统电脑使用0和1作为信息的最小单位，我们称它为比特。量子信息技术中，我们选定两个量子态作为0和1，信息处理单元是0和1的叠加态，即量子比特，它具有强大的并行计算能力。如果有N个信息处理单元的话，那么处理数据的能力是经典计算机的2^N倍。

量子计算机并不遥远

实现量子计算机必须解决三个问题：硬件、软件和量子编码。硬件是指选用什么材料来做量子芯片，这是它的

核心器件，由多个量子信息单元集成而来。人们选用各种各样的材料，从液态核磁共振、光子到现在的超导、半导体材料，2016年8月，中国科学技术大学量子实验室成功研发了半导体量子芯片。

软件是指量子算法，这是提高运算速度的关键，目前有大数分解算法和搜寻算法，Google正投入相当多的精力从事快速的量子计算搜索算法研究。

量子编码确保量子计算的可靠性，有量子纠错码、量子避错码、量子防错码等方案。

2015年，阿里巴巴集团联合中国科学院成立一个全新的实验室，共同研制量子计算机。量子计算机的技术实现已不再是一个遥远的梦想，已到了基本的实验实现阶段。

量子保密通信

在网络时代，如何保护信息安全？通常，人们采取对信息进行加上密码，即加密的方式，而随着计算机（尤其是量子计算机的研制）运算速度不断提高，原来经典的加密算法受到冲击，原来看起来很安全的密码也变得不再安全，研发无条件安全的新的加密方案已迫在眉睫。

人们将目光转向量子世界，开发出量子密钥。量子密钥分发是以量子态为信息载体，基于量子纠缠关系和量子不可克隆定理，通过量子信道使通信收发双方共享密钥。这样一来，一旦有人试图截获或测试量子密钥，就会改变量子状态，科学家便能立刻从这一变化中发现有人动了钥匙。

量子保密通信技术已经从实验室演示走向产业化。在城市里，通过光纤建构的城域量子网络通信已经开始尝试实际应用，我国在城域光纤量子通信方面已取得了国际领先的地位。2016年8月，"墨子号"在太空中实现了量子通信。

能杀死病毒 的纳米衣服

你知道我们平时穿的衣服都是由哪些材料制成的吗?

　　衣服是个大家族,家族中的每个成员都有着不同的"体质",包括棉布、麻布、丝绸、呢绒、皮革、化纤和混纺等。具有不同"体质"的成员有着各自的特点,棉布衣服保暖柔和,吸湿性佳,透气性强;麻布衣服强度高,韧性好,不易破损;丝绸衣服轻薄合身,高贵典雅;呢绒衣服防皱耐磨,保温性强;皮革衣服轻盈保暖,雍容华贵;化纤衣服色彩艳丽,悬垂挺括;混纺衣服性价比较高……

最早的御寒衣服

你知道人类最早的衣服是用什么材料制成的吗？如果说动物是人类的朋友，那么皮革就是我们这位"朋友"的"衣服"。我们的先祖为了生存，只好对不住"朋友"，将"朋友"杀死，剥下它们的"衣服"拿来给自己用，以抵御严寒。这可不是一个简单的过程，经过漫长的岁月，人们才积累出一套完整的、相对稳定的皮革处理技巧。

用化学方法处理皮革，把容易腐烂的皮革变成一种稳定、耐久的材料，这个过程叫做"鞣制"。这是一门古老的工艺技术，也是野外求生技巧。原始人把动物的原皮放在太阳下晒干；涂上动物的脂肪和脑髓，然后捶打，使之柔软；再辅以盐腌和烟熏，再制成皮衣。

衣服是个多面手

衣服是泛指穿在身上的各种衣裳服装，虽然它并不起眼，但你千万不要小瞧了它，它可是一个名副其实的多面手哦。衣服不仅能御寒、保暖，还能起到装饰作用呢！

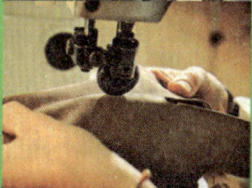

纳米衣物是永远不会褪色的。对吗？

这个说法是对的。

新成员新体质

随着科技的发展，衣服大家族的成员已经渐渐无法满足人们的需求了。于是，一个新成员——可以杀死病毒的衣服诞生了。既然是高科技的新生儿，这位新成员自然有独到之处。它那独特的体质——纳米织物，使它具有与众不同的能力。纳米织物中活动的纳米粒子更分散，其直径不到100纳米（1纳米等于10亿分之一米），只有棉纤维直径的千分之一。由于纳米微粒的直径很小，因此穿着拥有纳米织物体质的衣服时会像穿着纯棉衣物一样舒适和柔软，而且纳米粒子还能阻隔污物颗粒，所以纳米衣服并不需要经常洗涤。此外，假如织物上的纳米粒子带有颜色，那么衣服就永远也不会褪色。

纳米衣物是如何诞生的

人们若想制造纳米织物，首先需要将带有正电荷的棉纤维浸入富含带负电荷的金属粒子的溶液中，静电力会使金属粒子和棉纤维紧密地结合在一起。金属离子的直径越小，对空气中的微生物和烟雾起作用的表面积也就越大。制作纳米织物的困难在于如何在纳米尺度上精确地控制纳米粒子的分布。目前，只有通过昂贵的显微镜才能很好地对纳米微粒的分布进行控制。

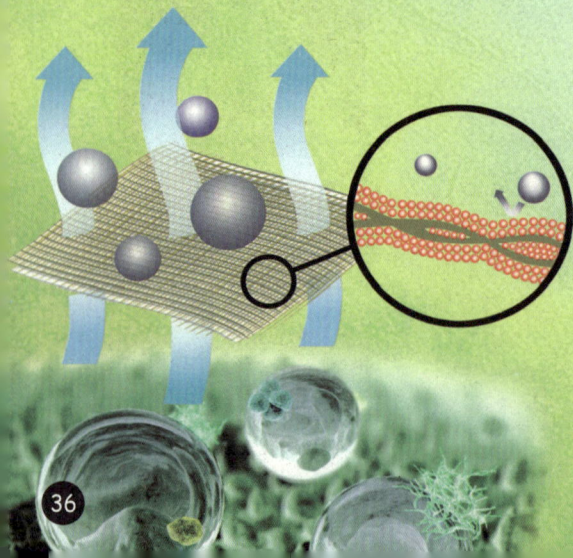

纳米衣物的绝技——杀死病毒

纳米织物上的纳米微粒能保护穿着者免受看不见的病菌和病毒的侵袭。在纳米织物表面有一层棉纤维，覆盖有对细菌和病毒敏感的银纳米粒子，这种银纳米粒子可以杀死禽流感病毒；而在衣领、袖子和口袋中则含有钯纳米粒子，这种钯纳米粒子能像催化剂那样加速空气中的污染物分解，从而保护人们不受细菌和病毒的危害。

纳米衣物的未来

目前，由于纳米衣物的造价相当昂贵，制作一套纳米套装大约需要1万美元，因此迅速普及民用和商业化还为时尚早。尽管如此，军队却对纳米衣物产生了浓厚的兴趣。用纳米织物制作的防护服，不仅能自动清洁、抵抗细菌侵袭和防火外，还更耐穿，能在恶劣的战场环境下使用。当下，人们迫切需要找到更为可行的办法来降低纳米衣物的制造成本，只有这样，纳米衣物的未来才可以无限光明。

无法复制的指纹

你知道指纹有哪些类型?

多种多样的指纹

人的皮肤由表皮、真皮和皮下组织这三部分组成,指纹就是表皮上突起的纹线。伸出手,仔细观察,就可以发现小小的指纹也可以分成好几种类型:有的是同心圆或螺旋纹线,看上去像水中漩涡的,叫斗形纹;有的纹线是一边开口的,就像簸箕似的,叫箕形纹;有的纹样像弓一样,叫弓形纹。每个人的指纹除形状不同之外,纹样的多少和长短也不同。

指纹的诞生

在皮肤发育过程中，虽然表皮、真皮以及基质层都在共同生长，但柔软的皮下组织的生长速度要比相对坚硬的表皮的生长速度快，因此会对表皮产生源源不断的上顶压力，迫使长得较慢的表皮向内层组织收缩塌陷，逐渐变弯打皱，以减轻皮下组织施加给它的压力。如此一来，一方面使劲向上"攻"，一方面被迫往下"撤"，导致表皮长得曲曲弯弯，坑洼不平，形成纹路。

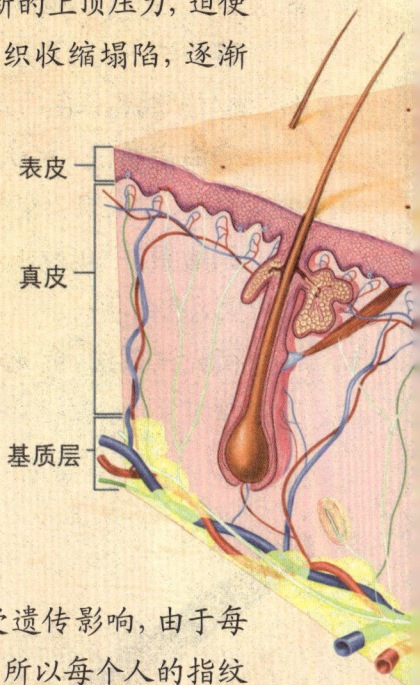

表皮

真皮

基质层

独一无二的指纹

与人类身体的其他部位一样，指纹的形成也受遗传影响，由于每个人的遗传基因均不相同，所以每个人的指纹也就不会完全相同。此外，指纹的形成过程极其复杂，但是一旦形成，至死也不会发生改变。正是因为遗传因素加上指纹形成过程中这种复杂的随机性，导致不可能形成两个完全相同的指纹。即使是两个同卵双胞胎或是两个看上去大致相像的指纹，在专家或是专用软件的识别下，也能发现其间的毫厘差别。

让指纹无所遁形

如果你把手指按在干净的玻璃或者其他镜面上一段时间后，移开手指时，你会发现在镜面上留有你的指纹。不过大部分情况下，指纹却是隐形的，很难被肉眼察觉。随着科学技术的发展，人们陆续发现并使用了多种方法来使指纹这个家伙无所遁形。

碘熏法 即使用碘晶体加温产生蒸气，它与指纹残留物的油脂产生反应后，便会出现黄棕色的指纹，然后通过拍照或用化学固定的办法使其现行。

宁海得林法 将试剂喷在检体上，这些试剂与身体分泌物的氨基酸产生反应后，会呈现出紫色的指纹。

硝酸银法 硝酸银溶液与潜伏在指纹中的氯化钠产生反应后，在阳光下会产生黑色的指纹。

荧光试剂法 荧光氨与邻苯二醛会与指纹残留物的蛋白质作用，产生高荧光性指纹。

世界上有可能存在两个人的指纹完全一样的情形吗？

让上班族无法逃避的指纹考勤机

员工上下班时只需要在指纹考勤机上按下注册过的指纹，考勤机上就能留下每位员工的考勤时间记录。指纹考勤机是基于指纹识别技术来实现的，事先将员工的指纹注册到机器中，一人可以注册多枚指纹。当员工按指纹时，指纹考勤机在所注册的指纹库中寻找相似度达到一定标准的指纹号码，并记录下时间。一旦公司使用了这种机器，员工就只能乖乖地准时上下班，任何迟到和早退的念头，在指纹考勤机面前都会失去侥幸的可能性。

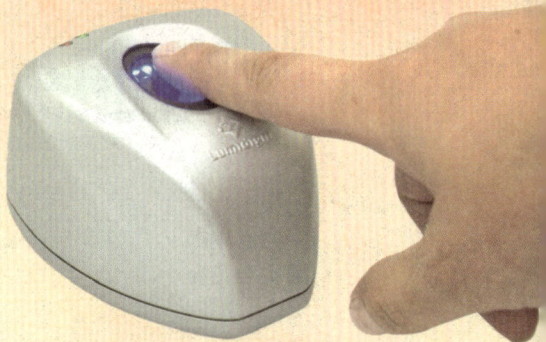

你的指纹帮你守住秘密

每个人的皮肤纹路(包括指纹在内)在图案、断点和交叉点上各不相同，也就是说是唯一的，并且终生不变。正是由于指纹的唯一性，使得人们可以利用指纹来作为一种识别手段，用以保护个人的隐私及秘密，通常我们把这种识别技术叫做指纹识别技术。指纹识别技术会将一个人的指纹事先储存在内存中，并将其与指纹的拥有者一一对应起来，然后通过比较验证者的指纹和预先保存的指纹来辨别验证者的身份，达到保护隐私和秘密的目的。

不可能。每个指纹都是独一无二的。

滴血知病情

你在医院体检时一定抽过血，你知道抽的是静脉血还是动脉血吗？

一对好兄弟

　　静脉和动脉是一对好兄弟，它们负责人体的整个血液循环系统。动脉负责把养分以及氧气输送到人体的各个器官，而静脉则负责把细胞的代谢产物带离这些器官。

静脉总是受偏爱

　　要是说到人们，尤其是医生对这两兄弟的喜爱，那可是让动脉气不打一处来。每次医生要抽血时，总是选择静脉，很少来找动脉。动脉实在费解，明明自己比静脉更有力量，为什么医生总是很少想到他。原来是因为静脉血管分布浅而动脉血管分布深，所以抽血时静脉血更好抽；而且动脉的血压高，一旦抽血不容易止血。

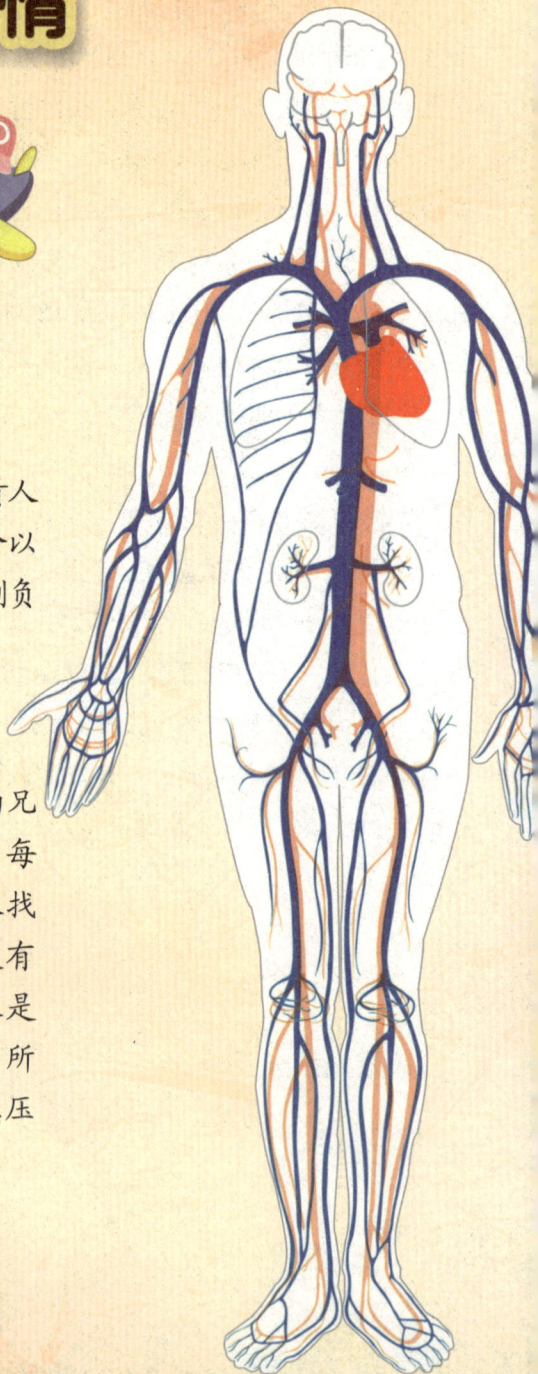

血液检查探究常规生命体征

人们身体的健康程度往往通过血液检查就能探知一二，那是因为血液中含有大量的生理指标，医生可以通过电脑分析人类的血液成分来解密人体的各个器官的健康状况。血常规检查就是临床上最基础的化验检查之一，主要检查项目包括红细胞、白细胞、血红蛋白及血小板数量等。血常规检查通常用针刺法采集指血或耳垂末梢血，经稀释后滴入特制的计算盘上，再置于显微镜下计算血细胞数目。血常规检查前应空腹，但空腹并非不吃早餐这么简单。检查前一天晚上，就应该避免吃油腻的食物，8时之后更是应该禁食，假如12时还在吃夜宵，到抽血时，就不能保证空腹。体检当天早上，除了白开水，包括果汁、牛奶在内的饮料一律不能喝。如果想要使检查结果更理想，最好从检查前三天开始就基本吃素。

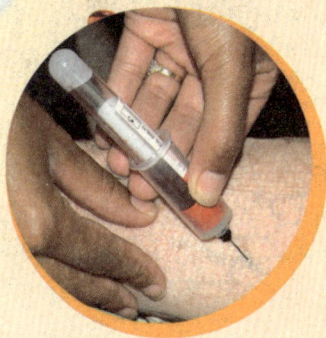

癌细胞扩散
到其他器官

初期

中期

晚期

淋巴结　　血管

浆膜

肌肉层

下层

黏膜

"preMiD"超早期肿瘤分子诊断技术平台检查需要抽取多少血液样本?

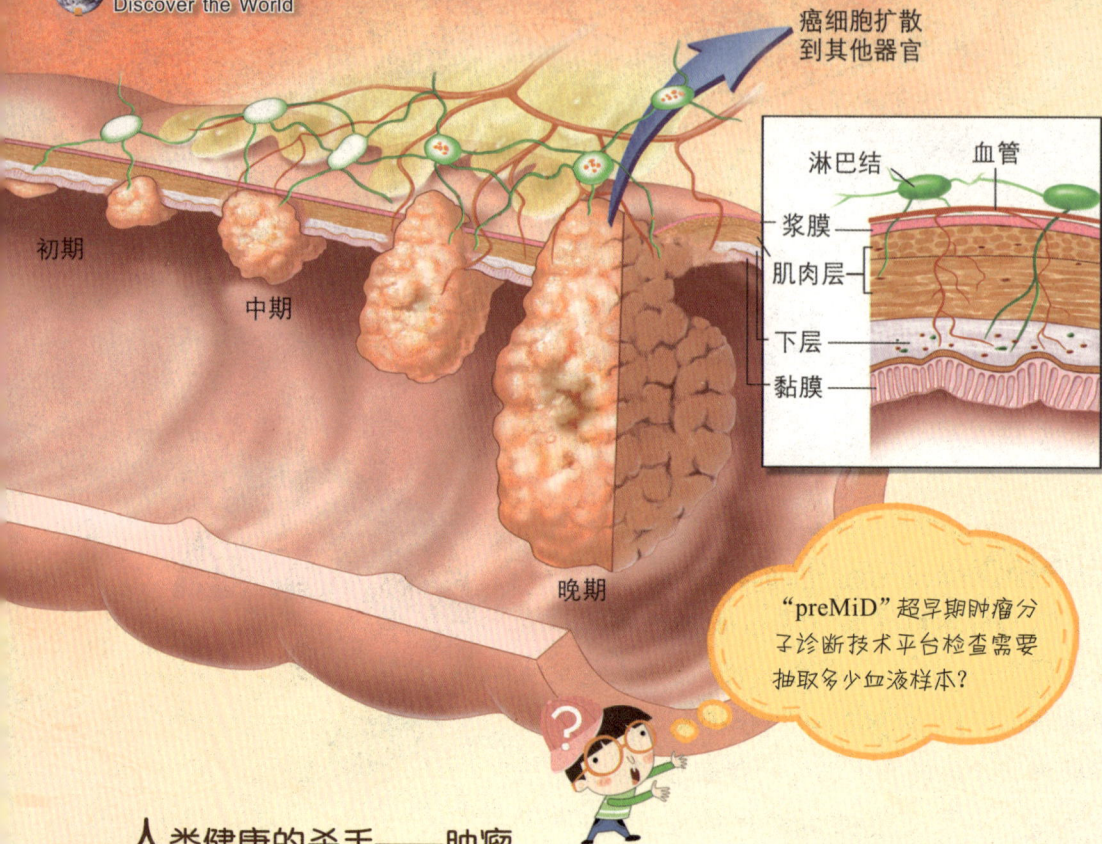

人类健康的杀手——肿瘤

肿瘤是指机体在各种致癌因素的作用下,局部组织的某一个细胞在基因水平上失去对其生长的正常调控,导致其克隆性异常增生而形成的新生物。医学界一般将肿瘤分为良性和恶性两大类。由于大多数肿瘤的形成初期并不会对人体造成明显的病症,所以往往容易被忽视。而一旦等到发现身体出现明显不适再去医院检查,往往肿瘤已经发展到了中晚期,甚至很多已经成为恶性肿瘤,就目前的医学水平而言,处于这个时期的恶性肿瘤患者还无法完全被治愈。

对于肿瘤患者来说,时间就是生命。科学研究发现,人体内的肿瘤从单个细胞开始到形成米粒大小,需要8~10年,在此阶段,它几乎没有引起人体的任何症状;从米粒大小的肿瘤发展成杏仁大小的肿瘤,只需1年左右;如果没有及时发现,杏仁大小的肿瘤发展到晚期只需要2~6月。

5毫升血液让肿瘤无所遁形

肿瘤尤其是恶性肿瘤严重威胁人类健康，在分子水平上，其发生是基因突变累积的结果。在国家863重大专项和科技部国际合作有关项目的支持下，我国在肿瘤分子诊断技术方面获得突破。由我国科研人员集成创新、自主研发的"preMiD"超早期肿瘤分子诊断技术平台，只需抽取5毫升血，便可对人体与肿瘤相关的38个基因、198个突变位点进行全面筛查。这些位点的基因突变涉及结肠癌等14种主要癌症。

据"preMiD"超早期肿瘤分子诊断技术发明人、中国转化医学与创新联盟理事王弢研究员介绍，肿瘤分子诊断是伴随着细胞分子生物学理论和技术迅速发展而产生的一种新型诊断技术，与传统的影像学诊断、组织细胞学诊断相比，肿瘤分子诊断的最大优点在于能早期甚至超早期发现肿瘤特有的突变基因，在这些基因突变尚未累积形成肿瘤组织块时，就能及时发现肿瘤踪迹，从而实现有效干预。

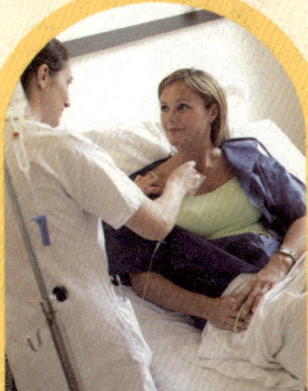

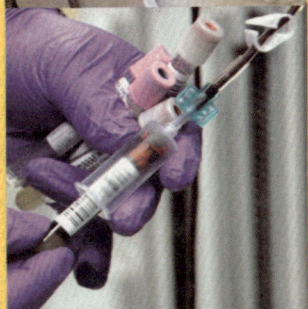

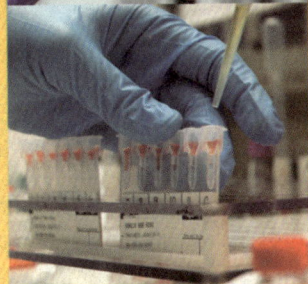

人类基因组计划

你知道基因是什么吗?

人类是生物"进化"历程中最高级的生物,对人类基因的研究有助于了解生命的起源,了解生命体生长发育的规律,认识种属之间和个体之间存在差异的起因,认识疾病产生的机制以及长寿与衰老等生命现象,为疾病的诊治提供科学依据。在人类基因组计划中,还包括对大肠杆菌、酵母、线虫、果蝇和小鼠这五种生物基因组的研究,它们被称为人类的五种"模式生物"。

1985年,美国科学家率先提出人类基因组计划,该计划于1990年正式启动。美国、英国、法国、德国、日本和我国科学家共同参与了这一预算达30亿美元的人类基因组计划。2005年,人体内约10万个基因的密码全部被解开,同时科学家们绘制出人类基因的图谱,揭开了组成人体4万个基因的30亿个碱基对的秘密。人类基因组计划与曼哈顿原子弹计划和阿波罗计划并称为20世纪人类科学史上的三大科学计划。

拥有双螺旋骨架的DNA

DNA是脱氧核糖核酸的英文缩写，它是一类带有遗传信息的生物大分子。DNA最著名的就是它的双螺旋结构，在显微镜下，两条核苷酸单链交错着螺旋上升，就像拧麻花一样。

人类基因组计划的意义

人类基因组计划之所以引人注目，首先源于人们对健康的需求。疾病问题是自然影响健康的首要因子，是每一个人、每一对父母、每一个家庭、每一个国家政府所不得不考虑的问题。因为人类对健康的追求，从来都不曾懈怠过。通过人类基因组计划，探究和掌握人类基因的秘密，这对于应对各种疑难及突发性疾病都是十分重要的。2003年爆发了非典型性肺炎，人类就是使用了基因测序的办法，在"非典"战场上与病魔做了对抗，并最终取得了胜利。人类基因组计划的贡献远不止在医疗领域，在其他如生物技术、社会经济等方面都有着卓越的贡献。

人类基因组计划基本完成

美国和英国科学家2006年5月18日在英国《自然》杂志网络版上发表了人类最后一个染色体——1号染色体的基因测序。

在人体全部22对常染色体中，1号染色体包含的基因的数量最多，达3141个，是平均水平的两倍，共有超过2.23亿个碱基对，破译难度也最大。一个由150名英国和美国科学家组成的团队历时10年，才完成了1号染色体的测序工作。

科学家不止一次宣布人类基因组计划完工，但推出的均不是全本，这一次杀青的"生命之书"更为精确，覆盖了人类基因组的99.99%。解读人体基因密码的"生命之书"宣告完成，历时16年的人类基因组计划书终于写完了最后一个章节。

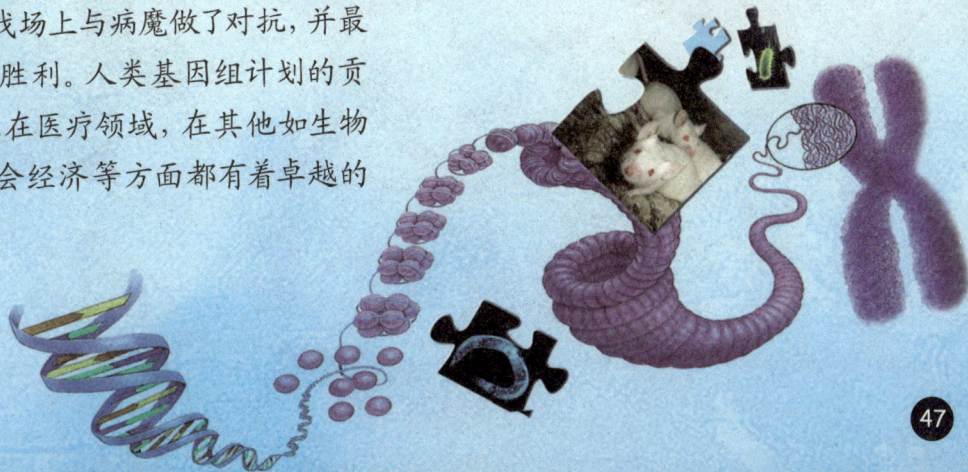

诠释裸鼹鼠"长生不老"的秘籍

2011年10月13日,由韩国梨花女子大学和深圳华大基因研究院共同主导完成的裸鼹鼠基因组研究成果在《自然》杂志上在线发表。该研究从基因组、转录组水平上对裸鼹鼠奇特的生物学特性进行了诠释,不仅有助于更加清楚地阐明裸鼹鼠能在黑暗、低氧等恶劣环境中生存并且能够保持长寿和抗癌的生理机理,对促进其他生物学和生物医学研究也具有重要意义。在本次研究中,科学家发现在裸鼹鼠基因组中有200多个基因发生了功能缺失,其中10多个基因可能与其视力的退化相关。这些基因的缺失为科学家从分子水平上深入探讨裸鼹鼠视力退化、体温调节发生障碍、无疼痛感、无毛等奇特生物适应性退化研究奠定了坚实的基础。

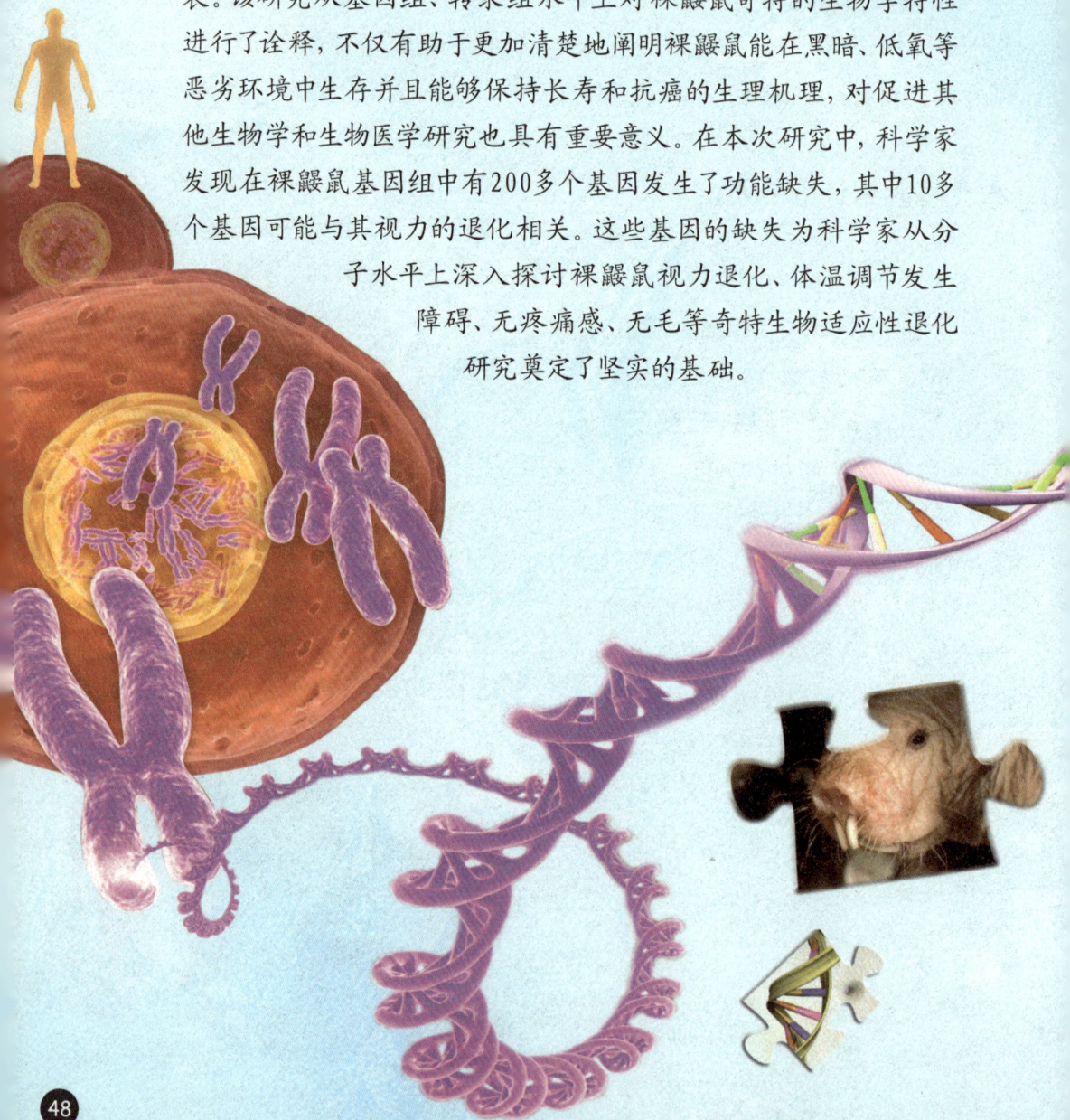

中国是否参加了人类基因组计划？

是的，参加了。

G A G
C T C

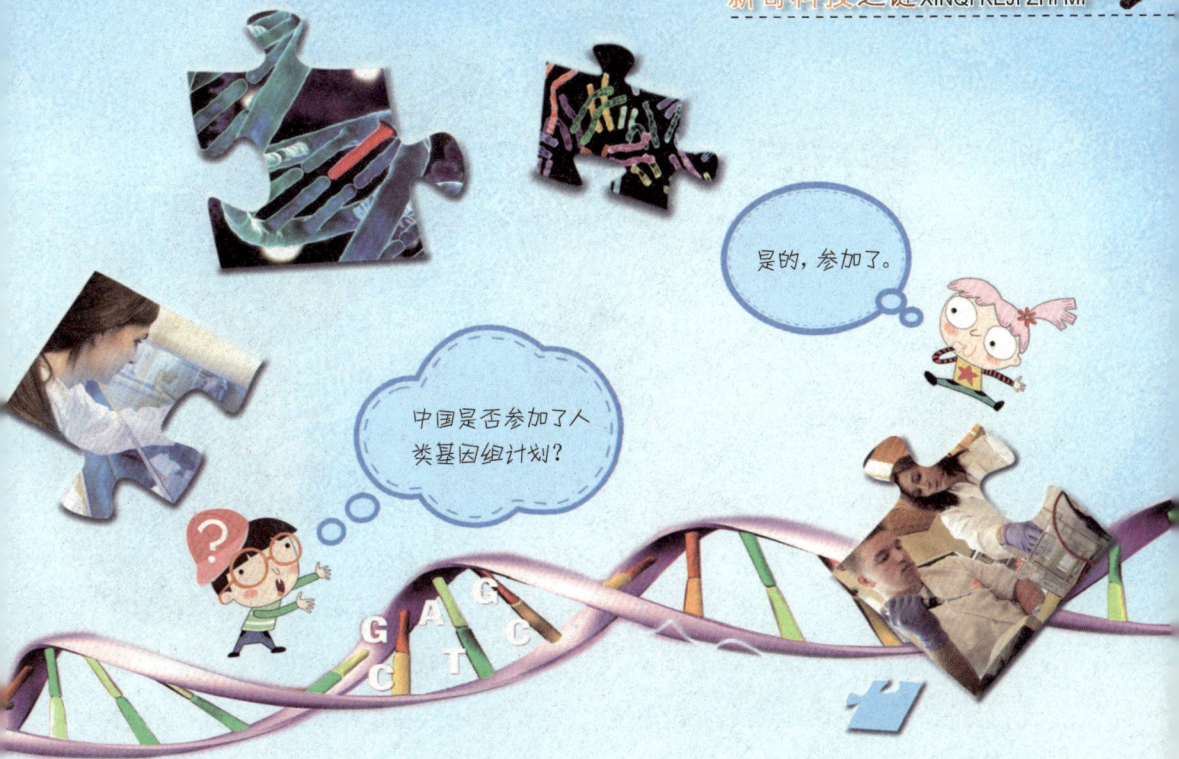

科学家揭示人类基因组"暗物质"

2011年10月12日，《自然》杂志网络版上发布了有关人类基因组"暗物质"的研究报告。据美国物理学家报道，一个研究团队通过全面比较29种哺乳动物的基因组，发现了人类基因组中大量的"暗物质"。他们准确找到了基因组中可以控制基因在何时或何处开启的部分，完成这些基因图谱是解释成千上万与人类疾病相关的基因变异的重要步骤。

通过早期对于人类和小鼠基因组的比较研究，科学家可以间接推断出基因调控序列的存在，但只能找到它们中很小的一部分。这些神秘的序列就被称为基因组的"暗物质"。瑞典乌普萨拉大学比较基因组学教授克斯汀·林德布拉德-卓表示，大多数基因变异都与发生在基因组非蛋白编码区的疾病密切相关。此次通过对基因组的比较，还突出在人类和灵长类动物基因组内快速改变的区域。此前曾发现200种类似的区域，新研究扩展了这一清单，将类似区域扩展至1000个以上，这将为科学家理解人类的进化提供新的起点。

克隆的奥秘

你听说过克隆吗？
什么是克隆呢？

　　小朋友们看《西游记》的时候会发现，孙悟空经常在紧要关头拔一把猴毛变出一大群猴子，这当然是神话，但用今天的科学名词来讲就是孙悟空能迅速将自己身体的一部分克隆成自己。从理论上讲，这种克隆是可行的。但是，事实上，我们的技术没有先进到这样的地步。

什么叫克隆

　　一个细菌经过20分钟左右就可一分为二；一株草莓依靠它沿地"爬行"的葡匐茎，一年内就能长出数百株草莓苗……这些都是生物靠自身的一分为二或自身的一小部分的扩大来繁衍后代，这就是无性繁殖。无性繁殖的英文名称叫"Clone"，音译为"克隆"。原意是指以幼苗或嫩枝插条，以无性繁殖或营养繁殖的方式培育植物，如扦插和嫁接。

　　时至今日，克隆的含义已不仅仅是无性繁殖，凡来自一个祖先，无性繁殖出的一群个体，也叫"克隆"。克隆还可以理解为复制、拷贝和翻倍，就是从原型中产生出同样的复制品，它的外表及遗传基因与原型完全相同，但行为、思想大多不同。

克隆羊多莉

克隆羊多莉是世界上第一只用已经分化的成熟的体细胞克隆出的羊。

1996年7月5日，位于苏格兰爱丁堡市郊的罗斯林研究所里诞生了一头大个头儿羊羔，实验室编号为6LL3。

小羊多莉浑身洁白，长着细长的弯弯曲曲的羊毛，粉扑扑的鼻子，右耳上系着一个红色小身份牌。7个月时已具有成年羊的轮廓，十分活泼、可爱，但也很顽皮。

多莉小档案

名字来源: 美国乡村音乐女歌手多莉·帕顿。

性别: 雌。 **出生日期:** 1996年7月5日。 **死亡日期:** 2003年2月14日。

死亡原因: 被确诊患进行性肺病后处以安乐死。

创造者: 伊恩·维尔穆特及其领导的小组。

基因"父亲": 无。 **基因"母亲":** 一只芬兰多塞特白面绵羊。

线粒体"母亲": 一只苏格兰黑脸羊。 **生育"母亲":** 另一只苏格兰黑脸羊。

子女: 生育6只，存活5只。

细胞核供体

卵子供体

未受精卵子细胞

克隆羊多莉

提取供体细胞

去核卵子细胞

代孕妈妈

细胞质
细胞核 DNA

细胞融合

低营养培养基

电脉冲

双胞胎不是克隆

双胞胎虽然长得很像，但双胞胎可不是克隆出来的哦！

双胞胎，指胎生动物一次怀胎生下两个个体的情况。双胞胎一般可分为同卵双胞胎和异卵双胞胎两类。同卵双胞胎指两个胎儿由一个受精卵发育而成，异卵双胞胎是由不同的受精卵发育而成的。

即便是同卵双胞胎，也不是克隆。因为克隆只是核基因的全部复制，细胞质基因（线粒体）则取决于受体细胞，即这一部分的基因是外来的。而同卵双胞胎的细胞基因则是完美的复制。

先天会克隆的植物

许多植物都有先天克隆的本领。

从一棵柳树上剪下几根枝条插进土里，枝条就会长成一株株可爱的小柳树；把马铃薯切成许多小块种进地里，就能收获许多新鲜的马铃薯；把仙人掌切成几块，每块落地不久就会生根，长成新的仙人掌……

此外，一些植物还可以通过压条或嫁接培育后代。凡此种种，都是植物的克隆。

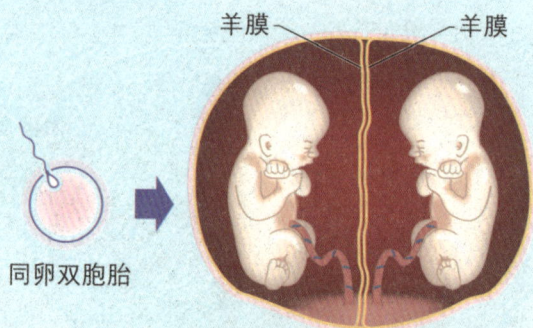

羊膜　　羊膜

同卵双胞胎

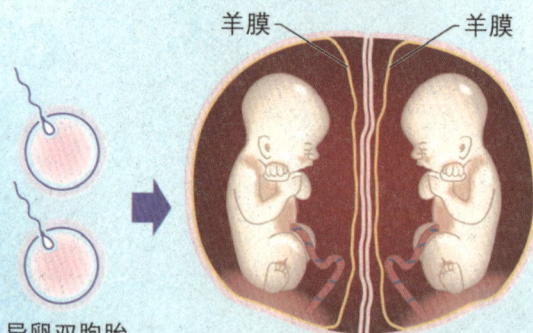

羊膜　　羊膜

异卵双胞胎

你想克隆一个自己吗？你觉得克隆会带来哪些好处、哪些坏处？

这个问题我要好好考虑一下。

全球反对"克隆人"

克隆人已经不是科幻小说里的梦想，而是呼之欲出的现实。

目前，已有三个国外组织正式宣布他们将进行克隆人的实验。2001年11月28日，美国先进细胞技术公司宣布该公司首次用克隆技术培育出人体胚胎细胞，在世界各地引起轩然大波，反对声此起彼伏。

由于克隆人可能带来复杂的影响，一些生物技术发达的国家，现在大都对此明令禁止或者采取严加限制的态度。

掌控万物的太阳能

你知道人类通过哪些方式来利用太阳能的吗？

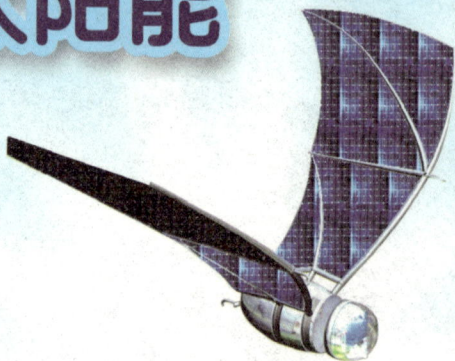

　　太阳能主要是指来自太阳的能源。人类所需的能量绝大部分都直接或间接地来自太阳。正是各种植物通过光合作用把太阳能转变成化学能在植物体内贮存下来。可以说，太阳能主宰了世间万物，就连煤炭、石油、天然气等化石燃料也是由古代埋在地下的动植物经过漫长的地质变化形成的，它们实质上是由古代生物固定下来的太阳能。此外，水能、风能等也都是由太阳能转换而来的。

世界上太阳能较丰富的地区

太阳能可以说是取之不尽、用之不竭的绿色能源宝库。世界上太阳能最丰富的地区是非洲的撒哈拉大沙漠。我国的西藏自治区海拔高，大气的透明度好，太阳年辐射总量居世界第二位，其中拉萨就是世界上著名的日光城。

捕获太阳能

太阳，这颗距离我们最近的恒星每年会向地球倾泻相当于85万亿千瓦的能量。在真正认识到这一点之前，人们一直在为缺少低碳排放的能源而苦恼不已。随着对太阳能的认识越来越深入，人们开始研究如何才能抓住这个活力十足的家伙。时至今日，人类对太阳能的利用早已不再局限于那些巨大而笨重的光电池了。

薄膜太阳能电池

薄膜太阳能电池的出身非常贫寒，它的基板材质一般是由价格低廉的玻璃、塑料、陶瓷、石墨或者金属片等制成的，它看上去往往非常单薄，厚度只有几微米。尽管身体如此单薄，但它转换太阳能的效率却相当了得，其转换效率最高可达13%。薄膜太阳能电池除了平面的以外，还因为具有可挠性而被制作成非平面的，可与建筑物结合或是变成建筑体的一部分，应用非常广泛。

利用太阳能发电

人们利用巨大的反光镜阵列，将太阳光汇聚到一个焦点上进行集中加热并以此来发电。在美国圣弗朗西斯科东北部，有一个名叫塞拉的发电量为5000千瓦的发电厂。这座发电厂拥有一个占地面积达8.1万平方米、共有2.4万面反光镜的反光镜阵列。这些反光镜能将照射在上面的阳光集中反射到装满水的高塔顶部。这样，高达450摄氏度的高温可以让塔内的水迅速变成蒸汽，从而驱动发电厂中的涡轮机发电。

开发太阳能资源的排头兵

青海省利用青藏高原上日照时间长、辐射强度大、太阳能资源丰富的优势，积极开发太阳能资源，在偏远地区建成多个太阳能光伏电站，成为我国开发太阳能资源的排头兵。我国的太阳能资源储量巨大，约等于上万个三峡工程的发电量。利用太阳能发电，可以节省造价很贵的输电线路。目前，我国已安装的光伏电站的发电量约为5万千瓦，主要为边远地区居民供电。

太阳能灶具

随着时代的进步，先进的科技逐渐进入人们的生活。在当今能源日益紧缺的情况下，太阳能环保设备越来越受到人们的青睐。在我国青海地区，国家在当地建造了66000台太阳能灶，全部免费发放给干旱山区的农牧民，使30万农牧民用上了操作简易、使用方便、清洁卫生、无污染的太阳能灶，大大减少了燃料短缺地区农牧民砍伐灌木林的数量，同时有助于环保工作的开展。

太阳能建筑

太阳能建筑是利用太阳能供暖和制冷的建筑。在建筑中利用太阳能供暖、制冷，可节省大量电力、煤炭等能源，而且不污染环境。在年日照时间长、空气洁净度高、阳光充足而缺乏其他能源的地区，采用太阳能供暖、制冷，尤为有利。但是目前太阳能建筑还存在投资大，回报年限长等问题。

聚光太阳能发电技术使用的反射镜是抛物面镜片，对吗？

不对，是平面反射镜。

不天然的天然气

现在，很多家庭都用上了天然气，可是你知道天然气是如何开采的吗？

　　天然气是埋藏在地下的古生物经过亿万年的高温和高压等作用而形成的可燃气体，是一种无色无味无毒、热值高、燃烧稳定、洁净环保的优质能源。

　　天然气资源主要存在于油田和天然气田，也有少量出于煤层。我国的天然气资源主要分布在中西部盆地及华北地区。专家预测，我国天然气的资源总量可达40万～60万亿立方米，是一个天然气资源大国，勘探领域广阔，潜力巨大，前景十分美好。目前，从东北、华北地区到南海、云贵地区，从东海大陆架到新疆的塔里木盆地、准噶尔盆地及青海的柴达木盆地，从陆地到海洋，都展现出天然气区的雄姿，为我们描绘出了21世纪天然气发展的蓝图。

天然气的形成

　　与石油的形成过程相比，无论是原始物质还是生成环境，天然气的生成都更广泛、更迅速、更容易。各种类型的有机质都可形成天然气：腐泥型有机质则既生油又生气，腐殖型有机质主要生成气态烃。天然气的成因是多种多样的，根据形成原因，天然气可分为生物成因气、油型气和煤型气。

与天然气有关的几个数据

　　25%——世界平均天然气利用率。

　　4%——我国的天然气使用率。

　　30000吨——一口天然气井中使用的压力混合物量。

　　95吨——一口天然气井中使用的化学物质的质量。

　　458.7万亿立方米——全球天然气产量。

　　160年——按照目前的使用量，天然气还能供应160年。

　　2050年——当到这一年时，天然气的发电量将超过煤的发电量。

天然气的开采

能源公司通常通过水平钻井及水压致裂等技术,从厚厚的岩石结构中开采天然气。

钻孔 在钻好一口井并且将管道深入页岩800米以下时,钻井工人会将一把射孔枪送入管道中。射孔枪射出小型爆炸物,在井套和井身周围的岩石中制造出小孔。日后天然气会通过这些通道流动。

压裂 为了获得压裂岩石的流体,钻井工人会将沙子和多种具有潜在危害的化学物质(例如苯)混合到水中,之后以每平方米7000吨的压力将混合物送入井中。沙粒撑开岩石间微小的裂缝,使岩石裂开。

抽取 钻井工人停止泵入压力流体。压力的消失使得之前送入井里的混合物和从裂缝中渗出的天然气一起回到井中,到达地面。除了天然气外,回到地面的混合物中充满了盐、重金属和天然产生的放射性材料 —— 这些物质都会对人体健康产生威胁。这些用过的混合物被储存到在地面挖出的大坑或者罐子里,直至最后被泵入注水井,或者送到污水处理站。

从岩层中寻找天然气

美国、加拿大等国家已实现页岩气商业性开发，并将其广泛应用于燃气化工、汽车燃料等方面。我国的页岩气资源量与美国储量相当，然而我国页岩气资源开发才刚刚起步，经验不足，技术不成熟，这些因素制约着页岩气的发展。2011年12月30日，中国科学院广州地球化学研究所牵头承担一项"从岩层寻找天然气"的国家重大基础研究计划。该计划的全称为"中国南方古生界页岩气赋存富集机理和资源潜力评价"。

天然气的应用

天然气的应用领域非常广泛，除了能用于炊事外，还可广泛作为发电、石油化工、机械制造、玻璃陶瓷、汽车、集中空调的燃料或原料。随着科技的发展，在未来的世界里，人类肯定会找到比天然气更为理想的能源。但不管将来谁取代天然气，天然气都将起到向新能源迈进时不可替代的重要的桥梁作用。

为什么说天然气"不天然"呢？

天然气通常是通过人工钻井，利用水压致裂技术开采的。

会发电的桥梁

你知道可以通过哪些方式制造出电能？

电与我们的生活息息相关，我们一刻也离不开电。假如没有电，我们就欣赏不到精彩的电视节目；假如没有电，电饭锅就不能使用，电冰箱里面的食物会解冻、变质；假如没有电，住在高层公寓里的人们不能乘坐电梯，只好爬楼梯；假如没有电，飞机不能起飞，火车不能开动，地铁也没法运行；假如没有电，马路上没有红绿灯，交通会瘫痪；假如没有电，医生不能使用无影灯做手术，许多病人将得不到有效的治疗……在漆黑的夜晚，古老的油灯已经不能满足现代人的需要，电在现代人的生活中已经是必不可少的。特别是在高度信息化的今天，假如没有电，生活质量将会大大下降，疾病可能会四处蔓延，各种社会问题可能会层出不穷！

常见的发电办法

世界上使用较为普遍的发电办法主要有火力发电、水力发电、核能发电等。随着科技的发展，社会的进步，人们对电能的需求越来越多，一些常规的发电方法已经不能满足人们对电能的需求。因此，人们逐渐使用一些新的方法来增加电能的供给，例如利用风能、潮汐能等。

新能源的利用现状

　　利用新能源发电，虽然有清洁、环保等优势，但是目前仍然无法取代传统的发电模式。其中主要的原因是人类对新能源的利用度还不高。例如，如果能够全部得以利用，海洋中的洋流每5天发出的电能就足够我国所有的家庭使用1年。问题在于，如何才能高效地利用洋流的运动。现在常见的方法是在水面下安装涡轮机，但是这些风车形状的设备只能利用35%洋流的动能，因为绝大多数水流根本就不会经过它们的叶片。

会发电的桥梁

　　加拿大蓝色能源公司想出了一种捕获更多洋流动能的方法：将涡轮机安装在桥梁下面。当桥梁位于河口处的时候，其涡轮系统能引起轻微的堤坝效应，使流向海洋的水流加速，更快的速度也就意味着更多的能量，这样，每台涡轮机发出的电能可以达到传统潮汐发电机的4倍。当桥梁开通时，电能也就随之产生。

如何搭建可以发电的桥梁

要想让建成的桥梁能够利用洋流发电,一般需要具备以下几个关键部分。

涡轮机 通常会有数百个容量在几兆瓦的涡轮机被垂直安装在河口处桥梁的下方。一般情况下,只要水流的速度超过每小时3.2千米,这些水流就能推动涡轮机转动,这意味着只要很小的潮汐能就能推动它们发电,而且由于它们的转动速度很慢,也不会对鱼类造成伤害。

这些发电的桥梁是否会对周围的环境产生不良的影响?

不会产生影响。

沉箱桥墩 桥面通常是通过用钢筋混凝土制成的沉箱桥墩来达到支撑桥梁和固定涡轮机的作用。然而，沉箱桥墩的作用还不止这些，沉箱桥墩的内壁曲线形状都经过精心的设计，能够起到加速通过涡轮机水流的作用，也就是说能够达到增加发电量的目的。

堤坝效应 将入口处的水流抬高，就可以增加流过水流的流速，从而产生堤坝效应。

起重机 通常人们会把一台起重机永久性地安装在桥梁上，以便把涡轮机系统提到桥面上进行维修。而一般的潮汐发电站都需要潜水员和专用的船只进行维修。

桥梁的发电量

这种会发电的桥梁的发电量到底有多少呢？加拿大蓝色能源公司的首座发电桥梁将于2013年在苏格兰建成，届时它每天将产生10兆瓦的电，这足够8000至10000户居民使用一天。

无比强大 的核能

你知道世界上第一座核电站叫什么吗?

核能的身份揭秘

核能中的"核"通常是说原子核,原子核是由带正电荷的质子和不带电荷的中子构成,原子中大部分的质量都集中在原子核上。而核能是指由于原子核内部结构发生变化而释放出的能量。

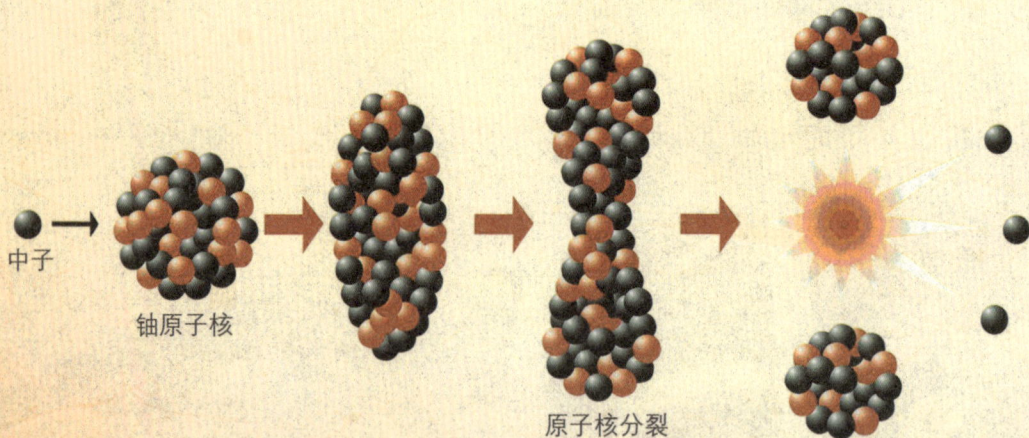

中子

铀原子核

原子核分裂

从无到有，神奇的核能诞生史

19世纪末，英国物理学家汤姆逊发现了电子。

1895年，德国物理学家伦琴发现了X射线。

1896年，法国物理学家贝克勒尔发现了放射性。

1898年，居里夫人与居里先生发现新的放射性元素钋。

1902年，居里夫人经过4年的艰苦努力又发现了放射性元素镭。

1905年，爱因斯坦提出质能转换公式。

1914年，英国物理学家卢瑟福通过实验，确定氢原子核是一个正电荷单元，称为质子。

1935年，英国物理学家查得威克发现了中子。

1938年，德国科学家奥托·哈恩用中子轰击铀原子核，发现了核裂变现象。

1942年，美国芝加哥大学成功启动了世界上第一座核反应堆。

1945年，美国将两颗原子弹先后投在了日本的广岛和长崎。

1954年，苏联建成了世界上第一座核电站——奥布灵斯克核电站。

反应堆堆芯

核能是一种非常危险的能量，我们应该放弃使用它吗？

不。

核能的三大能量源泉

核能是通过转化其质量从原子核释放的能量，它的能量源泉通常有三种：核裂变、核聚变和核衰变。

核裂变 又称核分裂，是指由重的原子，主要是指铀或钚，分裂成较轻的原子的一种核反应形式。

核聚变 是指由质量小的原子，主要是指氘或氚，在一定条件下（如超高温和高压），发生原子核互相聚合作用，生成新的质量更重的原子核，并伴随着巨大的能量释放的一种核反应形式。

核衰变 是原子核自发射出某些粒子而变为另一种核的过程，它的反应过程往往是自然发生的，且比上述两种变化缓慢得多。

核能强大的发电能力

核能发电是指利用核反应堆中核裂变所释放出的热能进行发电的方式。它与火力发电极其相似。只是以核反应堆及蒸汽发生器来代替火力发电的锅炉，以核裂变能代替矿物燃料的化学能。简单地说，就是利用形成的蒸汽推动汽轮发电机发电。

核能发电的本领非常高强，举例来说，如果核电厂每年要用80吨的核燃料，那么一般只要两个标准货柜就可以运载。若换成燃煤，则需要515万吨，每天要用20吨的大卡车运705车才够。如果使用天然气，则需要143万吨。

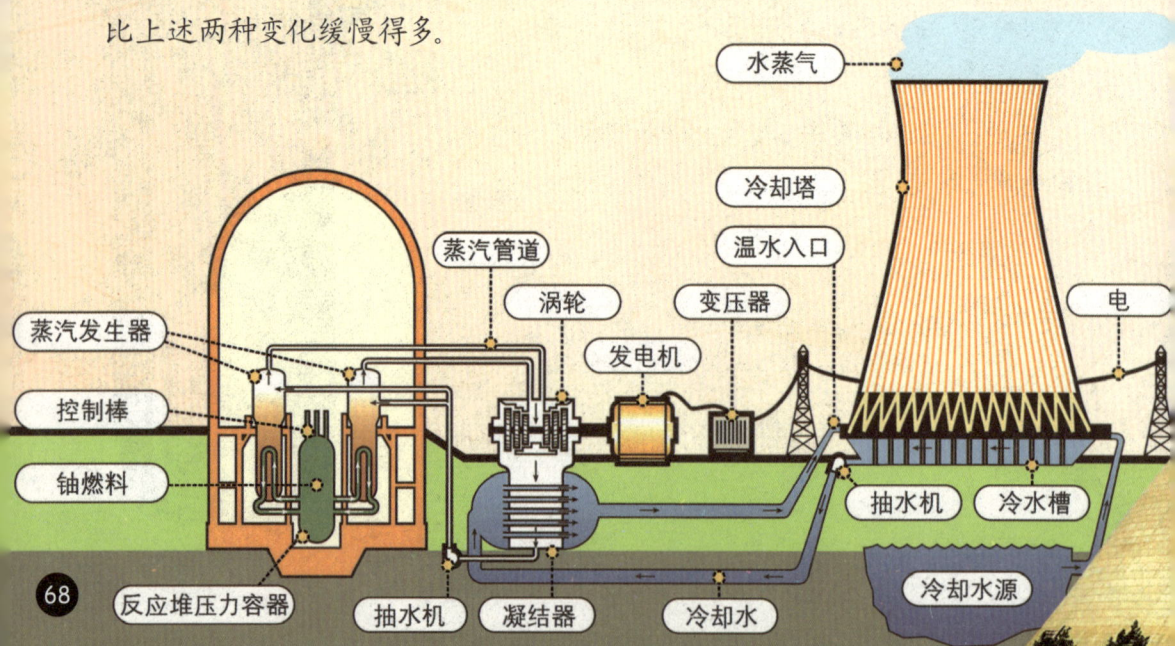

水蒸气

冷却塔

温水入口

变压器

电

蒸汽管道

涡轮

发电机

蒸汽发生器

控制棒

铀燃料

抽水机　冷水槽

反应堆压力容器　　抽水机　凝结器　　冷却水　　冷却水源

全球核能大发展

根据国际原子能机构2011年1月公布的最新数据,目前全球正在运行的核电机组已经达到442个,还有正在建设的核电机组65个,核电发电量约占全球发电总量的16%。截至2010年年底,全球已经有60多个国家提出了发展核电的计划,包括阿联酋等这样的富油国家。国际原子能机构预测,全球核能发电量在20年后将会提高一倍。

新技术为核能保驾护航

2011年3月11日,日本本州岛附近海域发生里氏9.0级的强烈地震,强震导致日本福岛核电站发生爆炸,再一次引发了核危机。回顾之前的切尔诺贝利事件,核能又一次面临安全性质疑。要想更安全地使用核能,新技术是必然的选择。第三代创新型反应堆通过冷却水的自然循环,来保证即使在发电厂失去了维持冷却系统循环的动力的情况下,冷却系统依然可以继续为反应堆降温——冷却水会依靠自身的重力从反应堆上方的附加蓄水罐中流入反应堆,从而就能避免反应堆过热而产生爆炸。

未来的绿色环保大厦

你知道哪些节能减排的措施?

建筑业打响环保战

在全球能源供应趋紧、污染日趋严重的情况下,环保已经成为整个建筑业都无法回避的问题。出于环保的考虑,建筑业内也开始了一场环保战,各路英雄各显神通:在建筑材料中,石棉、铅等成分的使用正逐步减少,取而代之的是结实耐磨、重量轻、可被生物降解或可被循环使用的材料;为了节水,雨水过滤回收技术也应运而生;很多新兴建筑内的照明系统还广泛采用了荧光灯、卤素灯和节能灯等节能装置。此外,在屋顶安装可调节的采光系统以及太阳能电池板等为建筑提供或节省能源的设备,也在逐渐应用开来。

靠太阳来照明

光导管照明主要由采光罩、光导管、漫射器三大部分组成，其工作原理是通过室外的采光装置捕获室外的日光，并将其导入系统内部，然后经过光导装置强化并高效传输后，由漫射器将自然光均匀导入室内需要光线的任何地方。无论是黎明还是黄昏，甚至是阴天或雨天，该照明系统导入室内的光线仍然十分充足。奥运期间建成的北京科技大学体育馆就使用了这套系统，148个直径53厘米的光导管能将太阳光临时储存起来，并通过漫射器将光线均匀地洒进体育馆内。根据测试，它可以完全取代白天的电力照明，几乎可以实现日间采光"零耗能"。夜晚，光导管还能将室内的灯光发散出去，起到美化夜景的作用。

靠太阳来发电

现在，一幢建筑物的用电，都由电网来提供。近来，光伏发电已成为许多建筑物的节能环保"王牌"。通常，这些建筑物会采用玻璃幕墙来扩大太阳能电池板的安装面积，一般一面玻璃幕墙加上建筑物的屋顶可以安装上千块太阳能电池，这些太阳能电池板将阳光的光能转换为电能，然后通过专门线路统一输送到地下一层的太阳能发电控制室，接着再并网传输到低压配电系统。这样的配置可以为一个面积达2万平方米的地下停车场照明。

雨水收集器
——节水的重要装置

一些建筑物拥有面积非常可观的屋顶，这些屋顶的表面被设计成一个凹凸有致的巨大的雨水收集器。一旦下雨，雨水将顺着屋顶星罗棋布的管道，通过预埋在屋顶的虹吸管流进建筑物边上的雨水收集池，经过处理后，一部分回渗涵养水源，另一部分则可用于灌溉和洗车等。这种雨水收集系统的能力相当强大，以面积为52公顷的园区为例，通过区域综合节水系统，一年可收集雨水6万立方米，生产再生水29万立方米。

智能玻璃

大面积玻璃外墙是现代建筑的时尚趋势，火车站、展览馆甚至住宅楼部分或全部采用玻璃房顶、玻璃外墙，或使用大尺寸的玻璃窗户已很常见。其优势是采光性能好，即使阴天也光线充沛。据德国弗朗霍夫学会报道，该学会聚合物应用研究所的科学家们研发出了智能防晒玻璃，可大大降低玻璃建筑物的制冷费用。而且使用这种智能玻璃后，到了冬天可以较少使用甚至不需要暖气，可以大大节省电能。同时，这种玻璃会自行变暗，可将30%～50%的太阳热量隔离在外，但变暗后仍有足够的光线透入，使房间保持明亮。

制造这种玻璃遵循的是"三明治"原则，两层玻璃中夹着一层含有聚合物微胶囊的树脂膜。当达到一定温度时，三明治玻璃即从透明变为模糊，挡住热量，射入的光线呈散射状。这个过程可逆向发生：温度一旦下降，热值层便恢复至原状，窗户玻璃重新变得透明光亮。

会呼吸的幕墙

以往建筑物的幕墙常常被设计成全封闭的，这并不利于环保。现在有些建筑物通过在外层玻璃幕墙的内侧吊顶与楼面之间设置附加的铝合金开窗，配合外侧幕墙上下两端的开气口设置，利用自然蓄热空腔加热双层幕墙中的空气层，形成自然热压，从而实现自然通风对流，达到类似于呼吸的效果。这样做不仅能在夏季大幅减少建筑外壁的导热系数，而且在冬季还能起到室内保温的作用。

透水砖——让降水得以利用

以内蒙古沙漠中的天然硅砂为主体原料，采用特殊工艺加工而成的生态砂基透水砖是一种新型环保材料。它不同于一般的透水砖，不是通过材料内的缝隙让水渗透下去，而是通过破坏水的表面张力，在虹吸作用力下让砖把水"喝"下去。这些被"喝"下去的水可收集再利用，或直接渗透到地下补充地下水，从而形成一个大的循环系统。

如果要建造一个垒球场，你认为采用哪种环保材料更好？

生态砂基透水砖。

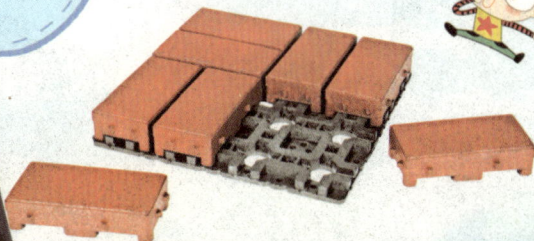

明天你想怎么飞

腿也伸不直的座位、难吃的盒饭、整个航程中充斥着噪音，还有那漫长且无聊的等待时间……这肯定不是你想要的飞行方式，那么明天你想怎么飞？

风筝——飞机的鼻祖

自古以来，人类就梦想着能像鸟儿一样在空中飞翔。而2000多年前中国人发明的风筝，虽然不能把人带上天空，但它确实可以称为飞机的鼻祖。

飞机的发明

20世纪初，美国的莱特兄弟在世界的飞机发展史上做出了重大的贡献。1903年，莱特兄弟制造出第一架依靠自身动力进行载人飞行的飞机——"飞行者1号"，并且试飞成功。他们因此于1909年获得美国国会荣誉奖。同年，他们创办了莱特飞机公司。自从飞机发明以后，飞机日益成为现代文明不可缺少的运载工具，它深刻地改变和影响着人们的生活。

你一定有过这样的感受，对出行的目的地充满着期待，却又对到达目的地的过程充满着厌恶，因为飞行过程漫长、无聊，且费用昂贵。你是否想过让你的飞行过程也成为度假的一部分，成为一种享受呢？来看看这些：从太空旅馆通勤飞船到4.5马赫的超音速客机；从可口的美食到带包厢的客舱（能根据你的喜好自行选择温度、颜色等）；从客舱座位上大屏幕的3D显示屏到最新款游戏和电影的选择菜单。

去太空度假——通勤飞船

只需要25分钟，通勤飞船就能将你从地面带到距离地球500千米外的太空旅馆。它的外形设计采用了类似火箭的流线型外观，这种设计能够使空气阻力最小化，也能将机身与大气层摩擦所产生的高温降到最低。

城际短途飞机

一种为短途飞行设计的飞机，其地位就相当于城际列车。它可以沿跑道起飞，也可以垂直起飞。垂直起飞时，机舱下面的四台大型可变推力发动机的喷口会旋转朝下，另外四台小型发动机则会从客机后部发力。飞机用电全部通过机舱外表面的太阳能电池板产生。飞机有一半的座位被设计成1～4人的包厢形式，以满足各种不同人群的需求。

空中邮轮

这是一种外形酷似电影中常见的飞碟的飞行器，它拥有2000个左右的座位，并且全部采用1～4人的包间形式，每个包间都拥有独立洗手间甚至浴室。客舱的整体设计和布局参考了邮轮，设有电影院、酒吧、餐厅、会议室、美容院、商店、急救站和健身房等。

如果你即将去美国旅行，你会选择哪种飞行器？

我会选择超音速客机。

FINNAIR

可以开去郊游的飞机

这是一种外形有点类似于现代直升机和私人飞机相结合的飞机。它拥有可调节长度的旋翼、缩进式起落架、折叠机翼，以及自动控制系统。自动控制系统可以根据起飞和着陆的速度将机翼调整到最佳长度。而在水平飞行中，为了减小空气阻力，旋翼将处于最短也最稳定的状态。另外，在它的机身表面，大约85%的面积都覆盖了太阳能电池板。

速度之星——超音速客机

一种为了长途飞行而设计的宽体超音速飞机，其速度能达到1530米/秒。它的机身采用的是重量超轻但硬度更强的纳米陶瓷材料。机舱分为两层：下层可提供娱乐和医疗服务，下层的窗户都是视频窗口，可提供天空或者俯视地面的变焦视野。带加热功能的座位不仅可以进行按摩，还提供血压和体温检测服务。此外，该飞机的座位上还配备了网络和卫星通信接口，每张座椅的靠背后面都有一块3D显示屏。

完善的客户服务体系

未来的航空公司将会为你提供方便、快捷的订票系统，更为迅捷的射频识别登机牌设备，同时还会为你提供托运行李并直接送达你下榻的酒店或者你家的服务。

波音的绿色翅膀

你知道飞机是使用什么燃料驱动的吗?

飞机使用的燃料

飞机是现代社会中的主要交通工具之一,目前飞机主要使用的燃料是石油,它是一种化石燃料,属于不可再生燃料。随着全球航空业的发展,石油的需求量越来越大,而在可预期的未来,石油储量的缩减与航空业日益增长的需求之间的矛盾无法避免。此外,化石燃料燃烧后产生的废气对全球的环境和气候都有很大的影响。人们正在寻找使用绿色燃料来替代化石燃料的方法。

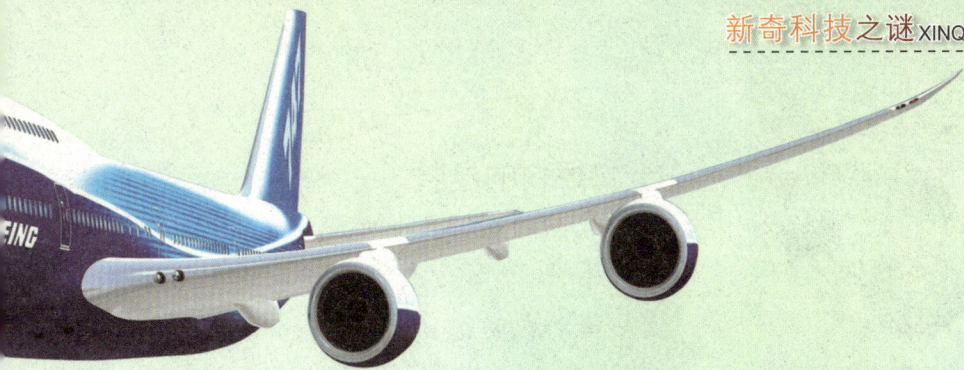

我们需要绿色燃料

一方面，高昂的燃油成本一直是压在航空运输业肩上的一副重担；另一方面，航空运输业的碳排放量被认为是导致环境变化的重要因素之一，而希望相关企业承担起更多环保责任的呼声也越来越高。因此全球最大的两家飞机制造商——美国的波音和欧洲的空中客车——不约而同地将视线投向了可持续生物燃料。

2008年2月，英国维珍大西洋航空公司的一架波音747客机完成了世界上首次使用生物燃料的商用飞机飞行。不过当时这架客机的燃料依然以传统燃料为主，生物燃料仅占全部燃料的20%。时至今日，波音的生物燃料技术已经取得了长足的发展，已经将生物燃料的使用比率提升到了50%。

生物燃料的发展

最初的航空生物燃料使用粮食作物作为生产原料，这种方式很快就表现出局限性：占用耕地和威胁粮食生产。因此研究者转而研发以草、树和海藻为主要原材料的第二代生物燃料。这些原材料不会挤占耕地，也不会导致森林砍伐等次生环境问题。

向藻类要能源

微藻是藻类的一种，它在陆地、海洋中分布广泛，是光合效率最高的原始植物之一，与农作物相比，单位面积的产量可高出数十倍。微藻生物柴油技术首先包括微藻的筛选和培育，获得性状优良的高含油量藻种，然后在光生物反应器中吸收阳光、CO_2等，它们生成微藻产物，最后经过采收、加工，转化为微藻生物柴油。

不对。生物燃料产生的尾气污染要比化石燃料产生的尾气污染低数倍。

生物燃料燃烧时产生的尾气污染和传统化石燃料产生的尾气污染差不多，对吗？

向麻风树要能源

样子丑陋还带有毒性的麻风树以前一直不被人们青睐。然而，近几年的科学研究发现，由于其果实可以榨出很多油，麻风树目前已摇身变为理想的生物燃料作物。在不少人心目中，麻风树是解决能源危机、缓解全球气候变暖的"救星"。科学研究表明，麻风树果实的含油量很丰富，可达40%～60%，果实榨出的油可以用作柴油发动机的燃料，剩余的残渣可用于发电。同时，燃烧麻风树油或者由其制成的生物柴油，比燃烧化石燃料更清洁。以尾气排放为例，麻风树生物柴油燃料排放的尾气中，二氧化碳含量只有一般柴油的1/8至1/5，而且由于生物柴油本身源自植物，排放的尾气更容易被植物吸收，有利于环保。

真正的环保燃料

2010年10月，美国军方与美国可再生能源技术公司合作，通过改变藻类基因，生产新型燃料。最初，生产工艺要求在大池塘中培养藻类，让藻类将太阳能转化为生物能量。目前，科研人员利用生物工程技术，将改造后的藻类放置在工业用发酵桶中，与甜菜等植物混合。这些藻类在没有光线的情况下，可将其他植物在光合作用中存储的能量转化为燃料。

新技术的产油速度更快、成本更低。由于省去了传统燃料生产所需的钻探、运输和提炼环节，生产出来的藻类生物柴油比普通柴油在温室气体排放量方面减少85%以上。

大放异彩的无人机

你见过用于航拍的无人机吗?

2011年,叙利亚内战爆发。残酷的巷战中,一架小小的无人机吸引了大家的注意:它只有两只手掌那么大,却充当了叙利亚政府军的小小"侦察员"。它可以飞行上千米,通过大角度的俯拍,将敌方阵地的影像实时传给指挥员,指挥员据此再指挥部队进行战斗。它甚至可以挂载微型炸弹对敌方阵营进行轰炸,虽然威力不大,但足以对敌人造成震慑。

现代战争中,无人机正成为战场上的明星。这种通过远程遥控无人机参与战斗,而士兵不直接参与的方式,成为一种新型的战斗方式。

战争幽灵——无人机

无人机是无人驾驶飞行器的简称,它的诞生可以追溯到1914年。当时正值第一次世界大战,英国的两位将军向英国军事航空学会提出了一项建议:研制一种不用人驾驶,而用无线电操纵的小型飞机,使它能够飞到敌方某一目标区上空,将事先装在小飞机上的炸弹投下去。

随着科技的进步，这种"指哪打哪"的无人机终于变成了现实。它具备信息获取的先天优势，也是战场上发动进攻的主角，不仅能有效补充卫星侦察等手段的不足，还能执行边境巡逻、目标识别、电磁干扰、物资运送、精确打击和毁伤评估等多样化作战任务。在未来战场上，无人机更能替代常规战机，成为未来空中作战的主力航空武器装备之一。

无条件执行枯燥乏味和危险的任务　无人机是无人驾驶，既可以执行枯燥乏味的侦察任务，也可以执行爆炸、放射性侵害等危险的任务，而无须担心人员伤亡。

航行时间长　新翼型、轻型材料大大增加了无人机的续航时间。例如，美军全球鹰无人机可以44小时连续作战，而如果是飞行员驾驶，即使不吃不喝，也很难胜任此任务。

先进的自动驾驶仪　无人机能按程序飞往目标所在地，然后改变高度，飞往下一个目标。地面操纵员可以通过计算机检验它的程序，并根据需要改变其航向。而其他一些更先进的技术装备，例如高级窃听装置、穿透树叶的雷达、微型分光计设备等，也将被安装到无人机上。

你知道中国先进的军用无人机有哪些吗？

有"翼龙"无人机、"彩虹"-5无人机……

实时指挥，察打一体 无人机采用了先进的信号处理与通信技术，将实时影像传递给后方。在经过指挥员判定后，无人机接收到后方指令，然后自行发起攻击行动，或者在后方人员的操纵下展开作战行动。

以美国"死神"无人机为例，其主要机载武器包括2枚激光制导炸弹和4枚空地导弹，此外还可携带227千克的"联合直接攻击弹药"和113.5千克的小直径炸弹。GPS制导武器使该无人机在恶劣天气下也能精确打击目标，大大提高了侦察打击系统的时效性。

集群化作战 基于无人自主技术，美军提出了利用微小型无人机集群作战的模式，这种模式可以降低作战成本，提升作战行动的灵活性。

无人机进入民用领域

在过去的十年中，无人机迎来了自己发展的黄金时期，它们从价值数百万美元的军用无人机中分离了出来，成功进入民用领域，已被广泛应用于航拍、遥感测绘、森林防火、管线巡查、搜索及救援、影视广告等领域中。

无人机送货

美国电商巨头亚马逊最先掀起无人机送货的热潮，随后国内的一些企业也将目光投向无人机快递，力推在山区、偏远乡村等农村市场的无人机速递业务。

在车辆、人员无法进入的区域，如地震灾区使用无人机可以配送一些紧急药物等物品。它可以直接飞达目的地，速度快，效率更高。

环境保护无人机

无人机可能成为中国监测环境污染的技术利器。近几年来，环保部多次动用无人机，对钢铁、石化、电力等重点企业排污、脱硫设施运行等情况进行直接检查，采用航拍和机载大气环境监测等技术，识别监管企业大气污染治理设施不正常运行、夜间治污设施停运、烟气排放超标等问题。

农业无人机

落后的农业植保机械将逐渐被高效率、高智能的新一代多旋翼植保无人机替代。它操作简便，通过手机、电脑下载GPS定位信息，获取作业地块区域位置，即可设定作业范围和作业路径，然后，它就能自己喷洒农药或是播撒种子。它可以不知疲倦地连续工作几个小时。

添加新大脑——人工智能的无人机

目前，一些无人机已经具备初级的人工智能，例如可以追踪移动物体、避开障碍物等。未来，无人机将会更加智能化。

在能源产业中，将现有的机器视觉技术加入无人机，无人机就可自行对油井设备、风力涡轮机和储油罐等设备进行检查，自动进行评估，发现是否有隐藏的裂缝、外部损伤、漏水、零部件松脱或涂层不均匀等情况发生。

随着技术的发展，无人机可能成为警察的标配，他们利用其监控犯罪高发区域。这些无人机可以拍摄上万张图片并对图片进行分析，找出犯罪人员或是失踪人员的踪迹。

使用蓄电池的汽车

你知道谁发明了
第一辆汽车吗？

1886年，德国的卡尔·本茨制造出世界上第一辆以汽油为动力的三轮汽车，并于同年1月29日为该发明成功申请专利，因此1月29日这一天被认为是世界汽车诞生日，1886年为世界汽车诞生年。同年，德国人戈特利普·戴姆勒制成了世界上第一辆四轮汽车。1887年奔驰汽车公司成立，1890年戴姆勒公司成立，1926年奔驰和戴姆勒公司合并成为戴姆勒-奔驰公司，生产"梅赛德斯-奔驰"牌汽车。

电动汽车的发明早于一般的汽车

早在19世纪后半叶的1873年，英国人罗伯特·戴维森制作了世界上最初的可供实用的电动汽车。这比德国人戴姆勒和本茨发明汽油发动机汽车早了十多年。

1881年，世界上第一辆真正的电动汽车于法国诞生。发明人为法国工程师古斯塔夫·特鲁夫，这是一辆用铅酸电池为动力的三轮车。

电动汽车的工作原理

现在，马路上已经有了以车载电源为动力，用电机驱动车轮行驶，符合道路交通、安全法规各项要求的电动汽车。电动汽车的动力源泉是蓄电池。一般情况下，蓄电池会产生电流，当电流流过电力调节器后，进入电动机，电动机将电能转化为动能，从而驱动汽车前进。

从铅酸蓄电池到锂电池

早期，电动汽车中使用的通常是铅酸蓄电池。1859年，法国人普兰特发明了铅酸蓄电池。这种电池由正极板、负极板、电解液、隔板、容器（电池槽）等组成，采用二氧化铅做正极活性物质，铅做负极活性物质，硫酸做电解液，微孔橡胶、烧结式聚氯乙烯、玻璃纤维、聚丙烯等作为隔板而制成的电池。

随着电动汽车技术的发展，当前电动汽车通常使用的是锂电池、镍镉电池和燃料电池等。电动汽车的制动装置中一般还有电磁制动装置，它可以利用驱动电动机的控制电路实现电动机的发电运行，使汽车减速制动时的能量转换成对蓄电池充电的电流，从而实现能量的再生利用。

不是。

是不是所有的电动汽车都是纯用电能驱动的？

电动汽车家族中的三兄弟

电动汽车家族中有三兄弟——纯电动汽车、混合动力汽车和燃料电池汽车。三兄弟虽然同是一个家族，却有着不同的动力来源。

纯电动汽车由电动机驱动，电动机的驱动电能来源于车载可充电蓄电池或其他能量储存装置。大部分车辆直接采用电机驱动，有一部分车辆把电动机装在发动机舱内，也有一部分直接以车轮作为四台电动机的转子，其难点在于电力储存技术。

混合动力汽车是指至少能够从可消耗的燃料和可再充电能两类能量中获得动力的汽车。它能够在一定程度上节省油耗，减少对环境有污染的废气的排放。

燃料电池汽车是以燃料电池作为动力电源的汽车。燃料电池的化学反应过程不会产生有害产物，因此燃料电池车辆是无污染汽车，燃料电池的能量转换效率比内燃机要高2～3倍，因此从能源的利用和环境保护方面来看，燃料电池汽车是一种理想的车辆。

电动汽车家族与普通燃油汽车家族

电动汽车家族与普通燃油汽车家族间的较量其实早在19世纪末就已经展开了。1900年美国制造的汽车中,电动汽车为15755辆,蒸汽机汽车1684辆,而汽油机汽车只有936辆。然而,进入20世纪以后,由于内燃机技术的不断进步,电动汽车逐渐在竞争中落入下风。如今,随着新能源技术的发展,电动汽车正逐渐在这场竞争中改变自己的地位,以往被燃油汽车完全压倒的情况也正在不断改变。与传统的燃油汽车相比,电动汽车低污染、低噪音,而且,能源利用率高,能源形式多样化。

电动汽车家族遭遇的发展瓶颈

目前,电动汽车的技术尚不如内燃机汽车完善,尤其是动力电源(蓄电池)的寿命短,使用成本高。蓄电池的储能量小,一次充电后行驶里程不理想,电动车的价格较贵。但从发展的角度看,随着科技的进步,电动汽车的问题会逐步得到解决。当电动汽车逐渐普及后,其价格和使用成本必然会降低。

能救命的安全气囊

你是否在汽车的方向盘上看到过 "air bag" 的字样？知道它代表什么意思吗？

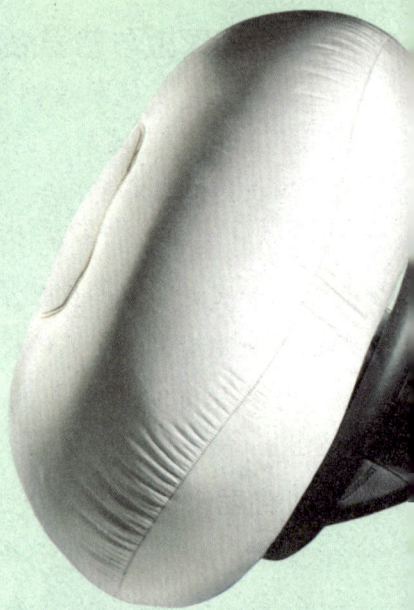

曾经犹如"旧时王谢堂前燕"的汽车，现在已经"飞入寻常百姓家"。当然，汽车的安全出行也成为人们的话题。谁都不希望出车祸，谁都希望每天平平安安地归来。但随着交通的发展，尽管出行更方便，但安全隐患也更多了。因此，各大汽车厂商在设计车型时从消费者的角度出发，更多地考虑汽车的安全因素。作为车内驾乘人员的最后一根救命稻草，安全气囊的作用很大。

撞车时你为何会受到伤害

当汽车发生碰撞事故时，汽车和障碍物之间的碰撞称为一次碰撞，一次碰撞的结果导致汽车速度急剧下降；乘员和汽车内部结构之间的碰撞称之为二次碰撞，由于惯性的作用，当汽车急剧降速时，乘员要保持原来的速度向前运动，于是就发生了乘员和方向盘、仪表板、挡风玻璃等之间的碰撞，从而会造成乘员的伤亡。

安全气囊的诞生

安全气囊的发明源于一次有惊无险的事故。1952年，美国工程师赫特里克在一次驾车中，为了躲避一个障碍物发生了撞车。在撞车的一刹那，他和妻子都本能地伸出手臂来保护当时坐在中间的女儿，幸好有惊无险。这位工程师从中受到启发，他想必须有一种保护装置，在紧急制动或是碰撞时能代替手臂去保护前冲的驾乘人员。他利用两个星期的时间设计出了一种汽车缓冲安全装置，其原理是在发动机罩下装一个盛满压缩空气的储气筒，当汽车受到正面碰撞时，惯性冲击力促使一个滑动重块向前移动，从而推动储气筒向隐藏在方向盘中央以及仪表板旁的空气袋快速充气，阻碍乘员与汽车内部结构间的碰撞，从而使车中人员减少伤害。

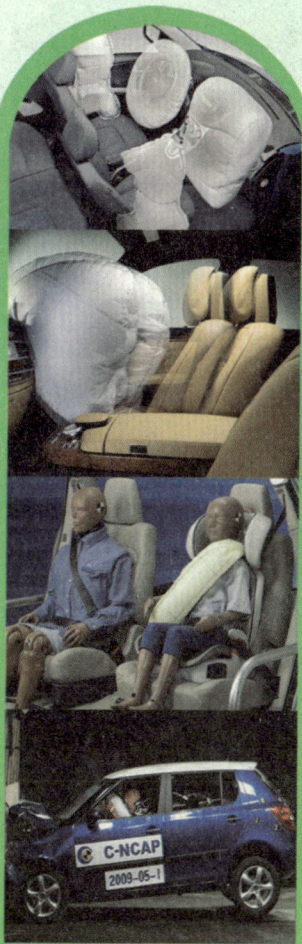

氮气
过滤器
氮化钠
点火器

气体发生器

撞击感应器

安全气囊

氮气

受到撞击

气体发生器

安全气囊的组成

安全气囊一般由传感器、控制器、气体发生器、气囊等组成，通常把气体发生器和气囊等结合在一起构成气囊模块。传感器感受汽车碰撞强度，并将感受到的信号传送到控制器，控制器接收传感器的信号并进行处理，当它判断有必要打开气囊时，立即发出点火信号以触发气体发生器，气体发生器一旦接收到点火信号后，迅速点火并产生大量气体给气囊充气。

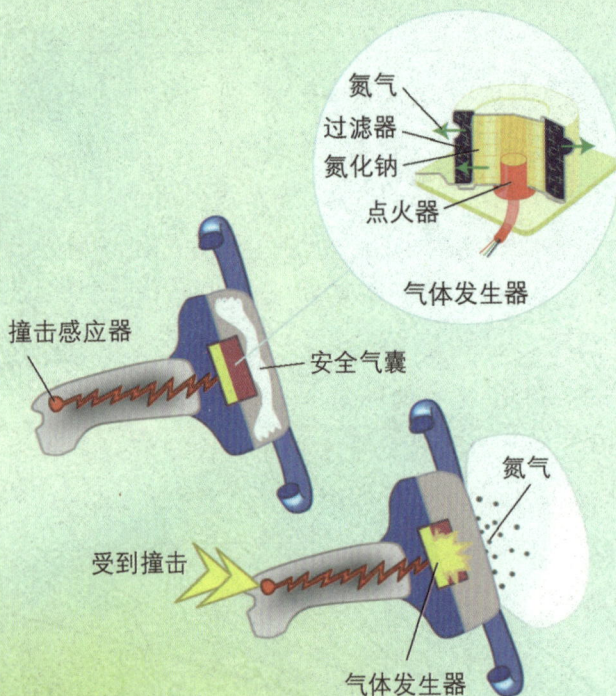

安全气囊的工作原理

汽车安全气囊的基本功能是，在发生一次碰撞后、二次碰撞前，迅速在乘员和汽车内部结构之间打开一个充满气体的袋子，使乘员扑在气袋上，避免或减缓二次碰撞，从而达到保护乘员的目的。由于乘员和气袋相碰时，振荡会造成乘员伤害，所以一般在气囊的背面开了两个直径为25mm左右的圆孔。这样，当乘员和气袋相碰时，借助圆孔的放气可减轻振荡，放气过程同时也是一个释放能量的过程，因此可以很快地吸收乘员的动能，有助于保护乘员。

气囊中的气体如何产生

气囊中的气体是由气体发生器产生的。在气体发生器内存有化学物质，当汽车在高速行驶中受到猛烈撞击时，这些物质会迅速发生分解反应，产生大量气体，充满气囊。

在汽车内除了安全气囊外，你还知道哪些保护你安全的装置？

安全气囊的发展

从安全气囊诞生至今，随着技术的改进，安全气囊也有了很大的发展，最早的安全气囊仅安装在方向盘中央保护驾驶员，而现在除了驾驶员安全气囊外，还有前排乘客安全气囊、前排座椅安全气囊、后排座椅安全气囊、侧面安全气帘、膝部安全气囊等。

还有安全带。

不要在气囊的前方、上方或近处放置物品

我们经常在汽车上看到这样的禁止标志：请不要在气囊的前方、上方或近处放置物品。那是为什么呢？由于气囊会在紧急状况下引爆，所以如果在气囊的前方、上方或近处放置物品，引爆时这些物品会被气囊抛射出去，从而伤害乘车人员。此外，因为目前很多气囊都是针对成年人设计的，包括气囊在车内的位置、高度等。气囊在充气时，可能给前排儿童造成伤害。因此，专家建议把儿童安排在后排的中间位置，并将其固定好。

沿线城市的联结纽带

在两座城市之间会有数班列车，高铁的行驶时间往往是最短的，你知道这是为什么吗？

　　火车是人类发明的首个公共交通工具，在19世纪初便在英国出现。在20世纪初汽车增多前，火车一直是陆上运输的主力。第二次世界大战以后，汽车制造技术得到改进，高速公路也大量建成，加上民航的普及，使得铁路运输慢慢走向下坡。常规的铁路营运速度已经无法与汽车和飞机相比，在这种情况下，高速铁路应运而生。

当列车的最高时速达到每小时200千米时，我们就可以称之为高铁，对吗？

世界上第一条高速铁路

早在20世纪初期，当时火车的最高速度就有超过时速200千米的，但这并不是高速铁路。因为高速铁路通常是指营运速度达到每小时200千米以上的铁路系统。

1959年4月5日，世界上第一条真正意义上的高速铁路东海道新干线在日本破土动工，经过5年建设，1964年10月1日正式通车。东海道新干线从东京开始，途经名古屋、京都等地，终点是大阪，全长515.4千米，运营时速高达210千米。它的建成通车标志着世界高速铁路新纪元的到来，也是人类历史上第一个实现营运速度高于时速200千米的高速铁路系统。第一代高速铁路的建成，大力推动了日本沿线城市经济的均衡发展，促进了房地产、工业机械、钢铁等相关产业的发展，降低了交通运输对环境的影响程度，也成为联系沿线城市的纽带。

不对。应该是列车的营运速度达到每小时200千米以上时，才可以称为高铁。

高速轮轨与磁悬浮技术

高速轮轨和磁悬浮虽然在设计方法上有着天壤之别，但有一点是共通的，那就是关注于改变列车和轨道的接触状况以提高速度。

高速轮轨技术是基于常规的轮轨技术开发的。在常规轮轨技术中，科学家通常使用刚性的转向架。这种转向架在列车高速运转时，会有强烈的震动，从而影响列车的稳定性与安全性。科学家经过多次实验，发现软性的转向架虽然会在列车低速运行时产生振动，但当列车高速运行时还是表现得非常稳定。

与高速轮轨技术相比，磁悬浮技术利用"同性相斥，异性相吸"的原理，让磁铁具有抗拒地心引力的能力，从而使得车体完全脱离轨道，悬浮在距离轨道大约1厘米处，腾空行驶。磁悬浮列车通过电磁力进行导向，使车体不偏离运行轨道，同时依靠直线电动机驱动，推动列车前进。

高速铁路的本领

载客量大 虽然高速铁路的速度没有飞机快，但是就中短途旅程而言，高速铁路因为无需到通常较远的机场登机，也不需要办理行李托运，故仍较省时。由于高速铁路的班次安排可较为频密，其总载客量也远高于民航。

传输能力强 目前各国高速铁路几乎都能满足最小行车间隔时间4分钟的要求，扣除维修时间4小时，则每天可开行的旅客列车约为280对；如每列车平均乘坐800人，年均单向输送能力将达到82000万人次；如果采用双联列车或改用双层客车，载客量将高达1.65亿人次。

速度快 速度是高速铁路技术水平的最主要标志。以北京到上海为例，在正常天气情况下，乘坐飞机的全程旅行时间(含市区至机场、候检等全部时间)为5小时左右，如果乘坐高速铁路的直达列车，全程旅行时间则为5～6小时，与飞机相当。从时间上看，高铁的速度已经非常快了。

正点率高 高速铁路全部采用自动化控制，除非发生地震，几乎可以全天候运营，而飞机机场和高速公路等，在浓雾、暴雨和冰雪等恶劣天气情况下，则必须停运。另外，由于高速铁路系统设备的可靠性和较高的运输组织水平，高速铁路可以达到极高的正点率，深受旅客们的喜爱。

隆重登场的无级变速自行车

你知道什么是无级变速吗?

神奇的变速器

汽车在路上行驶时,通常速度是不恒定的,你经常会感觉到汽车在加速或者减速,而正是变速器帮助汽车做到了这一点。变速器是能固定或分挡改变输出轴和输入轴传动比的齿轮传动装置,它又被称为变速箱。变速器一般是由传动机构和变速机构组成,可制成单独变速机构或与传动机构合装在同一壳体内。汽车的变速器一般可以分为手动变速器、自动变速器、手自一体变速器和无级变速器。

无级变速自行车的核心部件是什么?

绝对自由的无级变速器

　　绝大多数的变速器都有几个可选择的固定传动比,它们采用齿轮传动,只能在固定的传动比上来进行动力的输出与转换。可是无级变速器不愿意过分地受这个约束,它向往自由,于是造就了其与众不同的特点。无级变速器可以在一定的传动比数值范围内按无限多级变化。

自行车也能无级变速

　　骑过变速自行车的人大都有过这样痛苦的经历:在你刚刚因为红灯做了一次险些栽倒的急刹车后,信号灯却突然转绿,而已经停下来的自行车和仍然挂在最高挡的变速器让你切身体会到了什么叫"心有余而力不足"。可是如果你骑的是一辆拥有无级变速功能的自行车,情况就会立马变得不同。你只需要把车把上的调节器向前拧,即使你已经完全停下,也能轻松地起步;而当你把调节器向后拧,你就能获得最平滑高效的加速能力。

两个旋转的圆盘和位于圆盘之间的一组滚珠。

无级变速器的法宝

　　传统自行车上的变速器一般是通过将链条从一个齿轮拨到另一个齿轮的方式来改变传动比，以此达到改变速度的目的。无级变速器摒弃了齿轮，它的法宝是两个旋转的圆盘和位于圆盘之间的一组滚珠。当工作时，输入盘从踏板获得动力，输出盘则驱动后轮推动自行车前进。通过调整滚珠旋转轴的角度，就能改变滚珠与输入盘的接触位置。当遇到上坡需要用到低挡时，你可以转动拨盘让滚珠轴向输入盘倾斜，这样输入盘与滚珠接触的圆周直径变大——就像传统自行车变速器把链条拨到较大的后齿轮上一样。

　　而这时，在输出轴一端，则会沿着较小的圆周转动。极限情况下，可以实现高达2:1的最大变速比来攀登山丘。在相反的情况下，变速比则可降低到0.57:1，这样你就可以不用疯狂地踩着踏板下山了。

从头到脚人性化

　　无级变速自行车的整个车身是独特的类椭圆车架，这个充满着人性化的车身到处都有人体工程学设计的痕迹。当你坐在座位上，你的双脚可以轻易地触及地面，相对前移的脚蹬则让你仍然能够获得最合适的骑行姿势。这样就可以在长途骑行中极大地缓解你的疲劳。

自行车还能自动变速

自行车的自动变速器并不算新奇，但是如果这个自动变速器不再有恼人的换挡冲击和换挡时的"嘎吱"声，那么就一定算是非常新奇了。自动变速系统再配上无级变速系统就能帮助人们实现这样的梦想，如今在很多品牌的自行车上都应用了这一技术，实际上，自动变速系统只是调整了默认换挡点的分布，但就是这一点小小的改变令人们的骑行感受大为改善。

自行车中的速度之王——竞速自行车

竞速自行车意味着更快的速度和更高的传动效率。这位自行车里的速度之王拥有两件利器——超轻的车架和漂亮的轮圈。900克车架意味着仅仅只有差不多两瓶300克装的饮用水的重量，这种空前轻量化的碳纤维材料既保证了强度，又能使速度更快，而拥有漂亮花纹的轮圈可以带来更好的空气动力学效果。

吊车中的巨无霸

你见过的最大的吊车有多大？

　　巨无霸吊车是专门为最艰巨的起重任务建造的——比如说将50吨重的发电机提升到80米高的风力发电塔的顶端。它可能是世界上最强悍的巨型吊车，这台有18个轮子的庞然大物，光车身就重达108吨，安装上伸展高度可达47层楼的吊臂之后，质量还要再增加1倍，而它的最大提升重量更是达到惊人的1200吨。

巨无霸吊车的组成

巨无霸吊车由很多部分组成，它们各司其职，相互协作，共同帮助巨无霸完成一个又一个的任务。

吊臂　伸缩式液压吊臂由高强度钢材制成，其强度是普通建筑用钢梁的5倍，可以延伸到90米的高度，若是安装了扩展组件后最高可达到170米。

钢缆　钢缆是用来维系整个吊臂系统的，一般长度约为1400米。这些钢缆拉起了吊臂，并能将货物的重量向下传递到车身的配重块上。

桁架式延伸吊臂　这是一种较短但非常结实的延伸吊臂，在这种吊臂上安装有能改变钢缆方向的滑轮组。延伸吊臂有一个很小的倾角，为操作员带来了很好的操作性，同时还能保证其提升的重物能够尽可能地靠近吊臂的顶端，将重量沿着吊臂、车身、配重块和液压承重支架传递到地面。

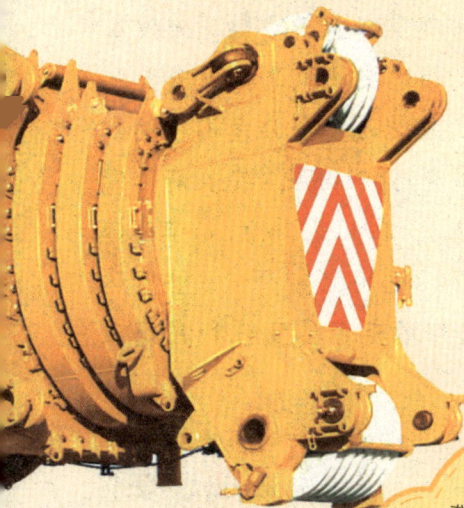

全球只有10台。

截至2010年，这种吊车全球一共有几台？

承重支架 呈X形分布的液压梁从车身上伸展开来，将支撑脚稳稳地扎在地面上，并将整个车身抬离地面。重量通过承重支架均匀地传递到地面，能够有效防止吊车起吊时在巨大重量的作用下发生扭转。

牵索桅杆系统 Y形桅杆为吊臂提供了稳定性，能分担载荷，防止吊臂弯曲。此外，这套系统还能分散部分拉力，增强整体的提升能力。

配重块 起重机提升重物的关键在于保持平衡，而想要达到平衡就需要配重。起重机本身就是一个分量不轻的配重体，这套吊车自重108吨（安装好吊臂后就要翻倍）。而在此基础上，吊车后部都还要加上200吨的配重——一些重达5～20吨、内部填充金属废料和混凝土的巨大钢块。

巨型卡车 拖动这个巨无霸的车身依靠18个无内胎的高压轮胎行驶，每个轮胎直径就有1.4米。一台8气缸、排量16升的柴油发动机能提供500千瓦的动力输出，它能让吊车在不安装吊臂的情况下达到最高每小时75千米的公路行驶速度。

巨无霸也能变形

虽然巨无霸的体形相当庞大，但这并不意味它只有一种外形，它是会变形的。当将巨无霸的吊臂拆下之后，其车身部分便能像其他大型卡车一样在普通公路上行驶。不过，即使巨无霸的体形缩小了，力气却丝毫未变。通常，如果换作同等提升能力的固定式起重机，那么将其全部组件运送到施工现场并组装起来，需要动用6辆这么大的卡车。

拥有灵巧的身手

别看巨无霸高高壮壮，移动起来却是相当的灵活。与固定起重机一旦安装到位就很难调整施工位置相比，这台巨型吊车要移动阵地却要容易得多。它可以通过车身以及轮胎实现位置的调整。

身价昂贵且生产周期很长

由于巨无霸庞大的身躯和超强的能力，要定制这种吊车的价格十分昂贵，而且需要大约8个月的时间才能造出一辆。虽然研制单位对这种吊车并没有提出明确的报价，但是据业内人士估计，这种吊车的造价在500万～1000万美元。

身份证的前世今生

身份证会重复吗?

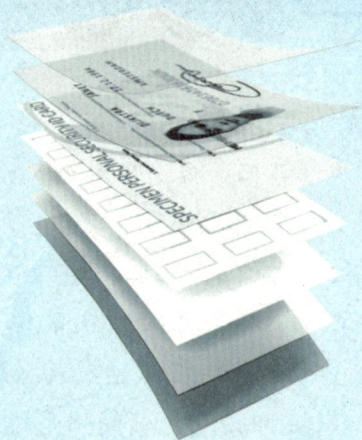

独一无二的身份证

父母带着你外出旅行,当你们抵达酒店办理入住手续时,通常酒店的服务员会要求你的父母出示身份证,以便办理入住手续。身份证是用于证明持有人身份的证件,一般由国家或者地方政府发给公民。

从照身帖到帽珠——古代的身份证

身份证，并非现今才有，最早的身份证出现在中国的战国时期。战国时期，商鞅在秦国变法，发明了照身帖。照身帖由官府发放，是一块打磨光滑细密的竹板，上面刻有持有人的头像和籍贯信息。这个国家的人必须持有，如果没有，就被视作黑户，或者间谍之类的人。

隋唐时期，朝廷发给官员一种类似身份的"鱼符"，它是用木头或金属精制而成的。其形状像鱼，分左、右两片，上凿小孔，以便系在腰间佩带。"鱼符"上面刻有官员姓名、任职衙门及官居品级等。当时，凡亲王和三品以上官员所用"鱼符"均以黄金铸制，显示其品位身份之高；五品以上官员的"鱼符"为银质；六品以下官员的"鱼符"则为铜质，还备有存放"鱼符"的专用袋子，称为"鱼袋"。"鱼符"的主要用途是证明官员的身份，便于应召出入宫门时验证。

宋代时，"鱼符"被废除，但仍佩带"鱼袋"。至明代，改用"牙牌"，这是用象牙、兽骨、木材、金属等制成的版片，上面刻有持牌人的姓名、职务、履历以及所在的衙门，它与现代意义上的卡片式身份证已经非常接近了。

清代各阶层的身份以帽子上的帽珠来证明，其帽珠用宝石、珊瑚、水晶、玉石、金属等制成。如果是秀才，可佩铜顶；若为一品大员，则佩大红顶子。一般百姓帽上无顶，只能用绸缎打成一个帽结。一些富商、财主为求得高身份，常用数目可观的白银捐得一个顶。

电子身份证是一种具有单一功能的证件，并不能集成其他功能，对吗？

这种说法不对。

身份证的前世

我国大陆的第一代身份证是从1985年开始正式实行居民身份证制度后，向居民制发的。受到当时经济条件、技术条件的限制，第一代身份证在制证材料、制证技术、防伪性能等各方面与现在的身份证相比有不少的缺陷，这些缺陷主要体现在以下方面：防伪性能比较差，很容易造假。2004年3月29日起，我国正式开始为居民换发内藏非接触式IC卡智能芯片的第二代居民身份证。较第一代身份证，第二代身份证做了很多改进。它表面采用防伪膜和印刷防伪技术，使用个人彩色照片，内置了数字芯片，采取数字防伪措施，存有个人图像和信息，可供机器读取。

身份证的进化——电子身份证

电子身份证是将身份证扫描制作后存为图片的格式，当你需要使用时，你就可以通过网络或者其他工具来传送你的电子身份证。电子身份证的核心部件是一个置入其内的晶片，该晶片可以存储个人信息、可供电子阅读并与国家安全机构数据库中相关信息进行核对等。

电子身份证的本领

电子身份证是互联网络信息世界中标志用户身份的工具,用于在网络通信中识别通讯各方的身份及表明我们的身份或某种资格。

电子身份证的编号以及数字证书中不含任何个人隐私信息,这样既确认了个人身份的真实性,又可有效地避免个人信息曝光,保护个人隐私。此外,电子身份证还有相当强的防伪功能,由于本身的制造工艺相当复杂,因此相比第一代身份证,电子身份证的防伪能力更强。所以,电子身份证可以广泛应用于电子商务、银行理财、网上交友等需要确认身份真实性的网络信息交流中。

电子身份证改变生活

电子身份证的出现将使互联网变得更加简便、高效、安全与可信。在不久的将来,每一位互联网的使用者都将拥有一个电子身份证。这将给你使用各种互联网服务带来更多方便。你不再需要填写烦琐的注册信息,只需要输入你的电子身份证号和管理密码即可轻松完成,且不需要再记住各种烦琐的账号和密码。在网络身份证管理中心,我们可以管理自己在互联网中所使用的服务,也可查看自己在互联网中留下的所有足迹。所以,有了电子身份证,互联网的每一位用户都可以信任彼此的身份。

反恐好帮手——防弹衣

防弹衣会被割破吗?

很难被射穿的衣服

特警在执行任务前经常会穿上一件黑色的背心,这个场景你一定在电视上看到过。这就是人们常说的防弹衣。防弹衣是一种能吸收和消耗弹头、破片的动能,阻止它们穿透衣物,有效保护人体的服装。

防弹衣的种类

从材料上看,防弹衣可分为软体、硬体和软硬复合体三种。软体防弹衣的材料主要以高性能纺织纤维为主,这些高性能纤维有较高的能量吸收能力,从而赋予防弹衣防弹功能,并且由于这种防弹衣一般采用纺织品的结构,因而又具有相当的柔软性,所以称为软体防弹衣。硬体防弹衣则是以特种钢板、超强铝合金等金属材料或者氧化铝、碳化硅等硬质非金属材料为主体防弹材料,由此制成的防弹衣一般都是刚性的,不能折叠。软硬复合式防弹衣的柔软性介于上述两种类型之间,它以软质材料为内衬,以硬质材料作为面板和增强材料,是一种复合型防弹衣。

防弹衣能防弹的原理

防弹衣的防弹原理根据防弹衣的材质不同而有所不同。

目前使用的如金属、防弹陶瓷、高性能复合材料板等材质制成的硬体防弹衣，其防弹机理主要是在受弹击时材料发生破碎、裂纹、冲塞以及多层复合板出现分层等现象，从而吸收射击子弹的大量冲击能。当材料的硬度超过射击物的冲击能时，就能阻止子弹贯穿。

采用高性能纤维如防弹尼龙、芳纶纤维、基纶纤维等软质材料制成的软体防弹衣，其防弹机理主要是当子弹对纤维进行拉伸和剪切时，纤维会将冲击能向冲击点以外的区域进行传播，在这个过程中能量被吸收，从而将弹头裹在防弹层里。这就好比你一拳打在海绵上时力会被卸掉一样。

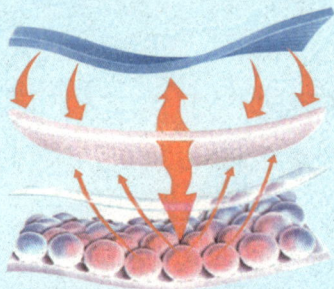

防弹衣也能保暖

由于通常防弹衣在穿着时，时间都会比较长，因此防弹衣的性能一方面要能够防弹，同时在不影响防弹能力的前提下，防弹衣应尽可能轻便舒适，人在穿着后仍能较为灵活地完成各种动作。随着技术的发展，现在的防弹衣大部分具有系统的微气候环境的调节能力。人体在穿着防弹衣后，仍能维持基本的热湿交换状态。这样就能尽可能避免防弹衣内表面湿气的积蓄而给人体造成闷热潮湿等不舒适感，从而减少体能的消耗。

软猬甲——古时候的防御帮手

软猬甲是用金丝和千年藤枝混合编织而成的，不但可以刀枪不入而且还可以保暖。它就像现在的背心，因为其做起来很难，做不出袖子。

软猬甲最早可以追溯到三国时期蛮族人的藤甲，那时是用油浸而制。后来人们加以改进，在材料中加入钢丝，加强它的防御效果。

通常普通警察在执行抓捕任务时，应当选择穿哪种类型的防弹衣？软体的、硬体的，还是软硬复合体的？

应选择软体防弹衣。

防弹衣的本领可不止防弹

或许你曾经在小说里看到,古代的侠客会有刀枪不入的背心。这种背心在当时可是件宝物,但在现代社会里,就变得一点也不稀罕了。通常防弹衣一般都能抵挡刀具的劈砍、穿刺、切割。即便是最简单的防弹衣,家用利刀既切割不开,也砍不破,普通的利剪也无法将其剪断。所以如果要是歹徒认为用刀就能对付防弹衣,那可就大错特错了。

防弹衣可是反恐好帮手

随着社会的发展,犯罪分子的犯罪手段越来越高明,武器也变得越来越先进。尤其是那些贩毒集团、恐怖分子等,往往都会持有枪械,甚至是重型武器。因此,当警察和军人在执行反恐任务时,防弹衣在降低人员伤亡上有着突出的表现。特别是胸、腹部受伤的致死率,可以降低50%以上。

火灾悲剧 不再重演

你知道火灾给人类造成哪些伤害？

火具有双重性格

　　自人类学会钻木取火以来，火已经伴随着人类经历了长久的岁月。虽然人们一直致力于完全驯服这个充满力量的家伙，但是火的双重性格却始终无法完全改变。当它展现其善良的本性时，它的力量可以帮助人们，用火炉取暖，用火来加热烧熟食物，还可以在夜幕降临时用火来照明；当它露出邪恶的面孔时，它的力量会给人们带来毁灭性的打击，生长万物的土地、郁郁葱葱的森林以及象征着现代文明的建筑物，无一能逃脱火的威力。

火制造的悲剧

当火失去控制过分释放其能量时，就会酿成火灾，在人类的发展史上，因为火灾而酿成的惨剧数不胜数，火灾不仅会对人类的财产造成巨大的损失，还会对人类的生命安全造成伤害。例如，新疆克拉玛依大火造成了325人死亡、132人受伤的惨剧。2010年，内蒙古共发生森林火灾88起，受灾森林面积达8559.1公顷。

控制火的核心秘密

实际上，火灾就是指在时间和物体上失去控制的燃烧所造成的灾害。要想控制住火魔，关键就是要控制其最大的魔力——燃烧。燃烧的几个基本要素就是：可燃物、氧化剂和温度，所以要想限制住火，就要做到控制可燃物、减少氧气和降低温度。

你知道控制烈火燃烧的三个要素吗？

我知道，包括控制可燃物、减少氧气和降低温度。

人类对抗火灾的新武器

山林火灾是火灾中较为棘手的一种，因为山林火灾的面积大，蔓延速度快。一个世纪以来，人们对抗山林火灾最信赖的工具是消防斧——这种工具一直被用于在森林中砍挖沟壑，从而将已起火的林地与其他部分的林地分隔开来。但是，现在人们终于有了对付山林火灾的新武器！安装在树干上的小型气象监测站和空中的红外传感器将提供清晰的画面，告诉消防员火焰所在的确切位置及蔓延的方向。

小型气象监测站是一个只有香烟盒大小的传感器。在4000平方米的山林中，只要安装一个这样的监测站，就能用它们收集到树冠下的微环境信息，比如气温的忽然上升和下降等，而这些往往都是火灾的前兆。这种设备并不需要太多的能量，它们依靠树木与土壤中的酸碱性差异所产生的微弱电流就能在野外独立工作10年之久。

空中的红外线传感器通常是无人机及机载红外线探测器，它们不但拥有可以穿透烟雾的视野，还能将数据实时地传送给地面的控制人员。

有了这两个新式武器，人们就能更好地掌握当前的形势，并且提前一步获知火焰的移动方向。这样，人们就能彻底改变与山林大火的斗争方式，能够更快更好地制服失控的火魔。

人类对抗火灾的新盔甲

要对抗火灾这样一个恐怖的家伙，光有先进的武器还不行，人们还必须配备更为先进的盔甲。说到盔甲，也许人们会想到钢铁或其他金属，但这种对抗火灾的新盔甲是由一种防火纤维制成的。它具有耐高温、耐高热、阻燃等特点。新盔甲可以安置在房屋的顶部，当有火灾危险发生时，启动开关，化学反应会引发爆炸——这与触发汽车安全气囊的化学反应类似——安装在屋脊顶上小"塔楼"中的防火纤维材料展开，并迅速覆盖房屋外墙面；随后，两个大型风扇——类似儿童游乐场里为充气城堡充气的那种鼓风机——将空气充入到密封的充气管中，从而构成支撑防火纤维材料的骨架；随着支架膨胀起来，防火纤维保护罩沿着房屋的屋顶和墙壁展开。风扇能保证整个支架的坚挺，让防火纤维材料牢固地绷紧，即使在大风中也不会受到影响。当房屋被这种新型盔甲保护后，就能防止烈火造成的破坏。

火魔失控偶尔也有好处

虽然火魔失控时大部分时间会对人们造成伤害，但是在有些时候，这种意外的失控却对人们很有好处，那就是火灾在某些生态系统中扮演着必不可少的重要角色。因为在火灾过后，可能在一定条件下有益于某些动植物生长，形成对人们更有利的新型生态系统。

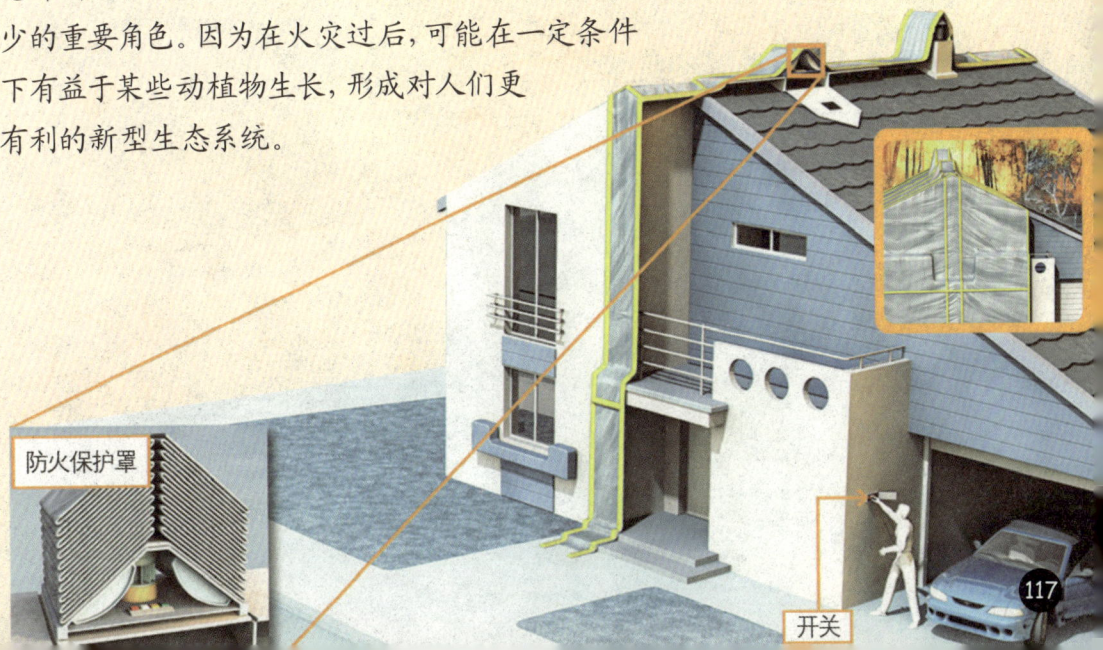

防火保护罩

开关

具有工作室的
马桶医生

你可以在家中的洗手间进行体检,你知道这位"医生"是如何工作的吗?

马桶的历史

马桶的历史可以追溯到汉朝,当时的马桶叫虎子,是皇帝专用的,传说是玉制的。由专门服侍皇帝的太监抱着,以备皇帝随时方便之用。后来到了唐朝,因为皇族中有个人叫李虎,为了避讳,就把虎子改名为"兽子"或"马子"。后来,在流传过程中,就演化成了"马桶"。

马桶的正式名称为坐便器,是大小便用的有盖的桶。马桶的发明被称为人类历史上一项伟大的发明,它解决了人类自身排泄的问题,但是也有人认为抽水马桶是万恶之源,因为它消耗了大量的生活用水。马桶的分类很多,有分体的、连体的。随着科技的发展,还出现了许多新奇的品种。

最"方便"的医生——马桶医生

　　身体不适，怀疑自己生病了，是否需要去医院做个检查？用不着这么麻烦，一种全新的智能洗手间完全可以成为你的"私人医生"，它既能为你提供"方便"，还能帮你省去跑医院、排队检查的时间。这就是我们将要认识的马桶医生。

马桶医生的工作室

　　实际上，马桶医生的工作室就是一个智能洗手间，它通常由具有尿液检测功能的全自动智能坐便器、体重秤、脂肪测试仪、血压仪以及数据控制和显示系统组成。在这里，马桶医生通过这些仪器和设备为你进行全方位的身体指标检验。

　　全自动智能坐便器　拥有尿液检测功能的全自动智能坐便器是马桶医生最重要的帮手，马桶医生可以通过它来对尿液进行分析，从而得到尿液成分中各种生理指标的参数以及血糖的含量等。

　　体重秤　位于智能洗手间地面的体重秤，依据压力感应原理，可以帮助马桶医生快捷而准确地测量你的体重。

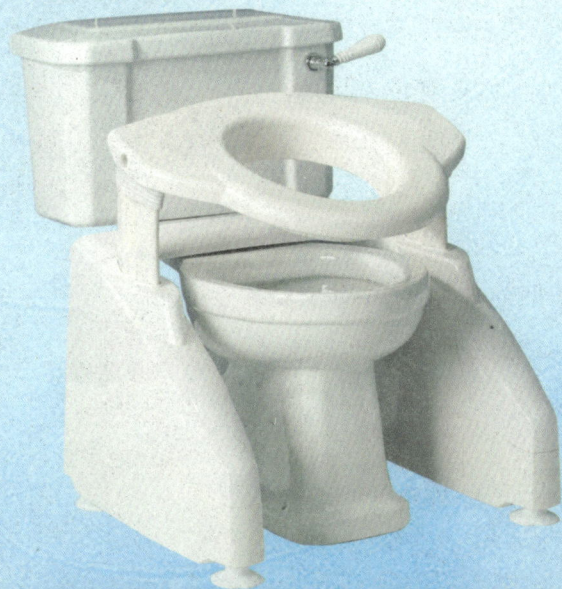

脂肪测试仪 脂肪测试仪位于洗手盆附近，马桶医生可以通过它方便地测量你的脂肪含量，并得出你的体脂参数。

血压仪 血压计通常位于厕纸卷的旁边，常见的有尼龙贴血压计。

数据控制和显示系统 数据控制和显示系统是整个智能洗手间的大脑，用以计算分析各种数据、显示和存储各个测量结果，以及设定智能洗手间的各种参数。

测量尿液成分和血糖含量

当你坐上全自动智能坐便器后，从旁边就会伸出一个小杯，小杯可以盛大约5毫升的尿液。这些尿液再通过金属管被输送到隐藏的感应器，感应器把数据传输到计算机中，计算机根据事先存储在其中的程序进行分析和计算，从而得出你的尿液成分和血糖含量，并显示出来。

测量血压

当正在进行1分钟的尿液测试时，你还可以从厕纸卷旁边的盒子里拿出尼龙贴血压计，缠在腰间量血压。

测量体重

体重秤会被事先装在智能洗手间的地板中，你只要站在有体重秤标示的位置，计算机就会显示出你的实际体重。

你知道马桶医生最重要的帮手是什么吗？

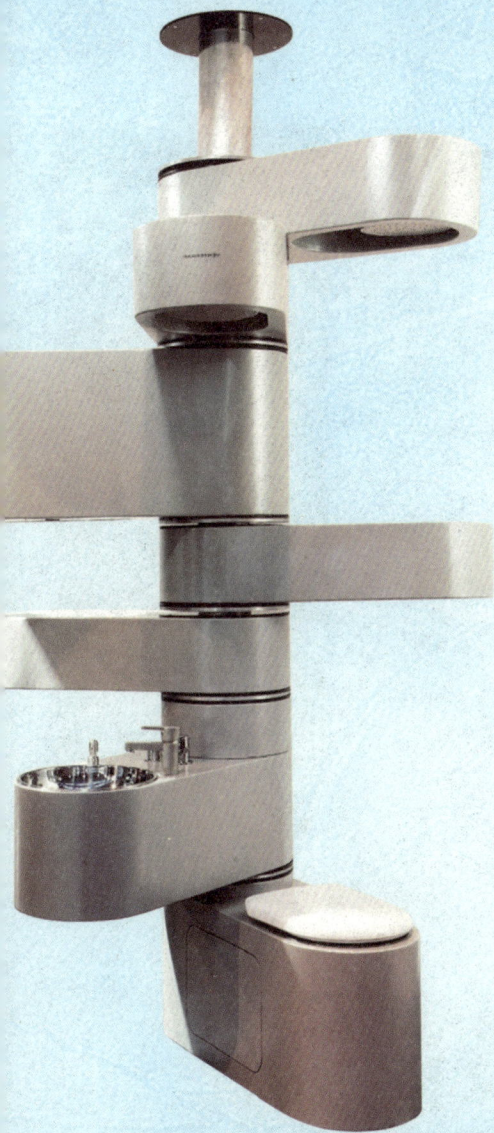

测量体脂

在智能洗手间的洗手盆附近会装有固定在墙面的金属拉手，这就是测量体脂的仪器。你只要自然站立，背部挺直，手臂伸直与身体成90°角，用手掌握紧左右拉手的金属部分，等待约30秒钟，测量仪分析完毕，即可获得你的体脂数值。

数据的设定与存储

所有的测试参数，比如年龄、性别等都可以在智能洗手间的控制系统中设定，同时所有的测试结果都会在显示系统中显示，并且这些设定的参数和测试的结果都会被输入内置的计算机程序中。通常存储系统中可以储存4个常用家庭成员的健康资料。另外，装置还可以设置"访客"模式，以帮助访客实施健康检查。

卫生保证和隐私保护

每次测试过后，用以盛放尿液的小杯都会自动清洗和消毒，足以保证卫生。计算机为每一位输入资料的用户都设定了隐私保护程序，以防止你的个人体检数据被他人看到。

我知道，是全自动智能坐便器。

小果蝇大用处

你知道果蝇和苍蝇的区别吗?

果蝇因其主要食用腐烂的水果,外形又与苍蝇类似而得名。果蝇类昆虫分布于全世界,并且在人类的居室内过冬。由于体形小,很容易穿过纱窗,因此居家环境内很常见。通常,雌果蝇的体形要比雄果蝇小,不过雄果蝇的体长也仅在3～4毫米。果蝇拥有硕大的红色复眼。雄果蝇有深色的后肢。

选作实验动物的果蝇

作为实验动物，果蝇有很多优点。第一，易于饲养，用一个牛奶瓶，放一些捣烂的香蕉，就可以饲养数百甚至上千只果蝇。第二，繁殖快，在25℃左右的温度下10天左右就可以繁殖一代，一只雌果蝇一代能繁殖数百只。第三，果蝇只有4对染色体，数量少而且形状有明显差别。第四，果蝇的性状变异很多，比如眼睛的颜色、翅膀的形状等性状都有多种变异，这些特点对遗传学研究也有很大好处。

果蝇与伴性遗传的发现

生物学家摩尔根用果蝇发现了伴性遗传。野生的果蝇眼睛都是红色的，但是在1910年时，摩尔根发现了一只白眼雄果蝇。按照基因学说，这是发生了基因突变。用这只白眼雄蝇与普通的红眼雌蝇交配，子一代的果蝇都是红眼。按孟德尔学说解释，红眼是显性性状，白眼是隐性性状。子一代的果蝇交配产生出了子二代，结果雌果蝇全是红眼，雄果蝇一半是红眼、一半是白眼。如果不论雌雄，红眼果蝇与白眼果蝇的比例是3:1，符合孟德尔定律。可是为什么白眼都出现在雄果蝇身上呢？

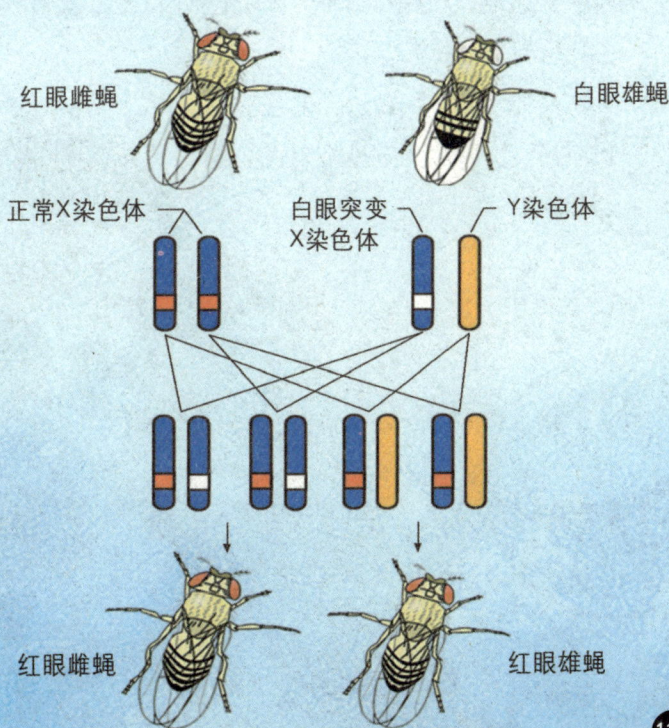

红眼雌蝇

白眼雄蝇

正常X染色体

白眼突变 X染色体

Y染色体

红眼雌蝇

红眼雄蝇

anticodon

UUC

AAG

codon

　　摩尔根做了试验，这次是让子一代的红眼雌蝇与最初发现的那只白眼雄蝇交配，结果生出的果蝇无论雌雄都是红眼白眼各占一半。这一结果也符合孟德尔定律。

　　摩尔根根据这些实验结果进行了深入思考。他提出了一种假设：决定果蝇眼睛颜色的基因存在于性染色体中的X染色体上，雄果蝇的一对性染色体由X染色体和Y染色体组成，Y染色体很小，其上基因很少，所以只要其X染色体上有白眼基因，白眼性状就表现出来。雌果蝇的性染色体是一对X染色体，因为白眼是隐性性状，只有其一对X染色体上都有白眼基因才会表现为白眼性状。根据这种假设，就可以圆满地解释上述实验结果。

　　白眼基因存在于性染色体上，它的遗传规律与性别有关，这就是伴性遗传。

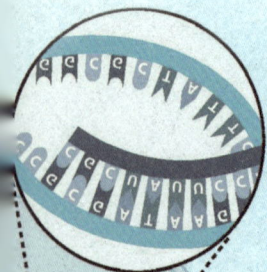

果蝇与连锁互换定律

果蝇的小翅基因，给摩尔根新创立的理论带来了挑战。这种突变基因是伴性遗传的，与白眼基因一样位于X染色体。但是当染色体配对时，这两个基因有时却并不像是连锁在一起的。例如，携带白眼基因与小翅基因的果蝇，根据连锁原理，产生的下一代应该只有两种类型，要么是白眼小翅的，要么是红眼正常翅的。但是摩尔根却发现，还出现了一些白眼正常翅和红眼小翅的类型。因此，摩尔根提出，染色体上的基因连锁群并不像铁链一样牢靠，有时染色体也会发生断裂，甚至与另一条染色体互换部分基因。两个基因在染色体上的位置距离越远，它们之间出现变故的可能性就越大，染色体交换基因的频率就越大。白眼基因与小翅基因虽然同在一条染色体上，但是相距较远，因此当染色体彼此互换部分基因时，果蝇产生的后代中就会出现新的类型。这就是互换定律。

"基因的连锁与互换定律"是摩尔根在遗传学领域的一大贡献，它和孟德尔的分离定律、自由组合定律一道，被称为遗传学三大定律。

研究果蝇时发现的遗传学三大定律之一的是什么？

基因的连锁与互换定律。

未来的饮水计划

你知道海水是怎样变成淡水的吗?

淡水资源稀缺

假如地球上没有水,世界将是一片荒漠:没有郁郁葱葱的绿色森林,没有生命聚集的深邃海洋;世界也会一片死寂:听不到雨水的滴答声,树林里不再百鸟啼鸣,天空中没有云彩,更别说大瀑布、大峡谷以及极地冰川了。

地球一直被人们称为蓝色星球。因为从太空中遥望地球,宇航员看到的地球上的水域面积远远大于陆地面积。海洋占据了地球表面积的71%。但是,地球上97%的水为海洋中的咸水,只有3%的水是淡水,而在这3%的淡水资源中,大约有三分之二的水储藏在极地的巨大冰川中。因此,地球上可供人们使用的淡水不到总量的1%。

寻求海水淡化的方法

根据联合国的报告，到2025年时，全世界将有三分之二的人口生活在饮用水或者灌溉用水不足的地区。那该如何解决饮水问题呢？科学家经过努力研究，发现逆转这种趋势的方法之一就是利用海水淡化技术。

几千年来，人们尝试过各种各样的方法使海水中的咸水变成饮用水。这些方法的关键在于脱盐。脱盐的一种方法是蒸馏，即通过加热使水沸腾后蒸发析出盐，水蒸气经压力压缩后生成液态淡水的过程。脱盐的另一种方法是冷冻水，使盐析出。还有一种方法是，在高压下用水泵把海水抽入一个非常精密的过滤器，通过过滤，使海水变为淡水，而过滤后不能饮用的水再输回海洋中。

脱盐这项技术需要能源及相应的设备。这些设备的价格都非常昂贵。尽管如此，在干旱的中东地区，如沙特阿拉伯、以色列和其他一些国家都采用这一技术。美国加利福尼亚州的一些城市，也建造了脱盐厂。世界上最大的反渗透海水淡化厂位于以色列，这家厂每天能产生27.6万吨淡水。

以美国为例，一般情况下，去除饮用水中的盐的成本约为每吨0.5美元，而海水淡化的成本则约为每吨0.8～1美元。美国一艘航空母舰每天的海水淡化量可以达到1500立方米。

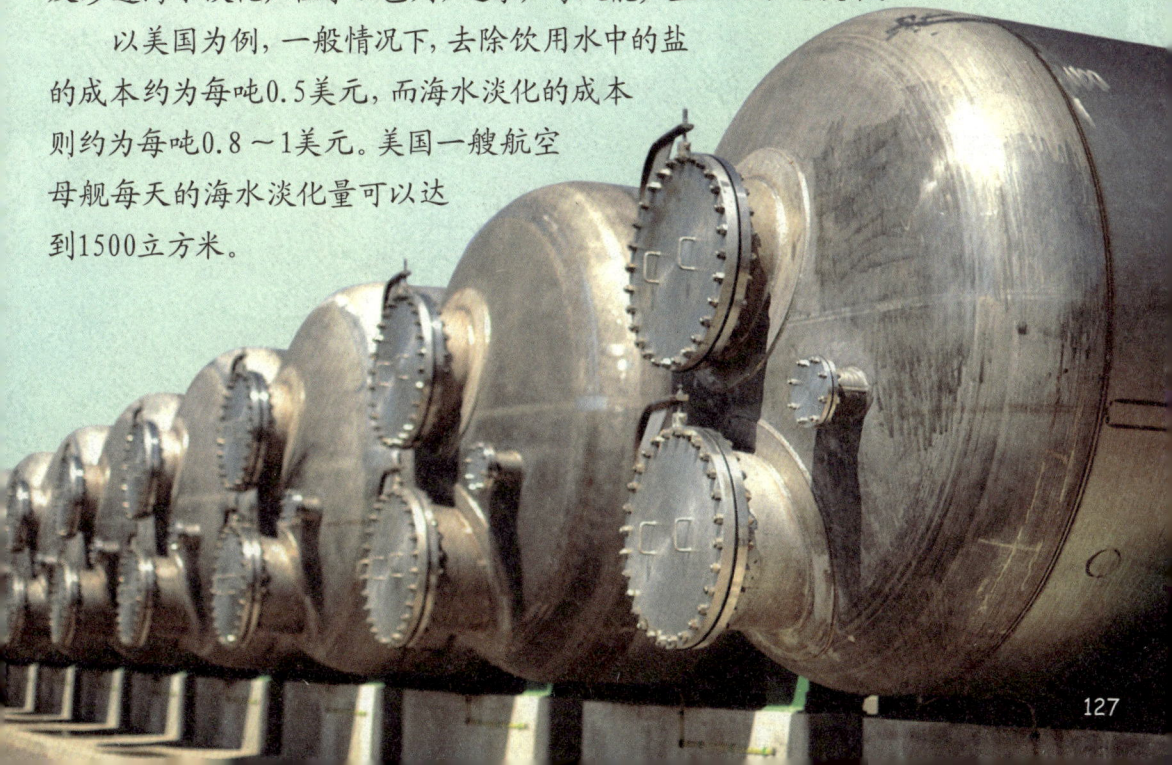

海水淡化新技术

目前,世界上常用的海水淡化技术的原理主要有正渗透法海水淡化技术、反渗透法海水淡化技术和仿生膜法海水淡化技术等。

世界上绝大多数海水淡化工厂都是利用反渗透膜过滤海水中的盐。水泵迫使海水穿过围绕着巨大圆柱体的聚酰胺膜,水分子从聚酰胺膜单链间挤过,到达膜的另一侧,而溶解在水中的盐分子却无法穿过。

反渗透法海水淡化过程中的几个重要技术环节如下:

多层反渗透膜 通常会利用多层反渗透膜提高淡化效率,在两层反渗透膜的情况下,只有50%的海水能被制成饮用水,但若有四层反渗透膜,则海水的淡化率可以达到85%。

能量回收 通过反渗透膜的淡化,剩余的高浓度海水仍然处于压力状态下,这种压力是能够被捕获回收的。高浓度盐水使能量回收装置中的涡轮机旋转,涡轮机的旋转带动水泵,驱使新的海水进入处理设备。

利用潮汐 海水中的盐含量越高,制造淡水的成本就越高。因此,海潮来临前,人们常在入海口处将海水存储在一个巨大的水槽中。这种做法使得人们制备淡水所使用的海水的含盐量只有普通海水的三分之一,从而大大降低了淡水的制造成本。

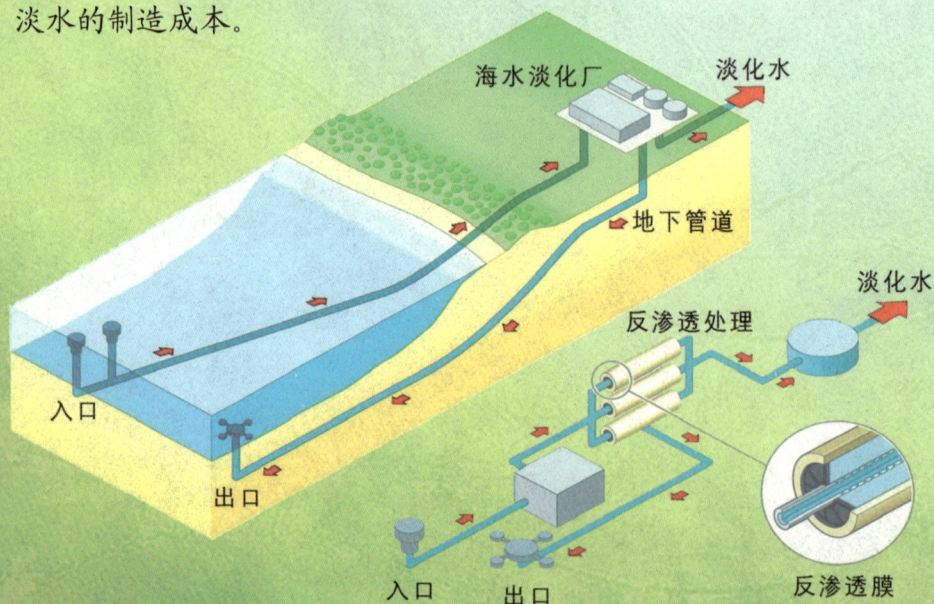

利用反渗透法进行海水淡化时，水是从低浓度区域向高浓度区域运动吗？

不是。海水是从高浓度区域向低浓度区域运动。

废物处理　直接将高浓度的海水排放出去无疑会破坏环境。为了解决这个问题，通常海水淡化厂会与附近的污水处理厂合作，将剩余的高浓度海水混入污水处理厂经处理过的污水中，最终排放的混合水的含盐量低于普通的河水。

仿生膜法海水淡化技术

　　与人类的肾脏相似，肾脏之所以能够回收尿液中的水分，是因为肾脏中能找到多种水孔蛋白，这些水孔蛋白能很好地将膜外的水分子吸引过来。于是，根据这一原理，人们利用水孔蛋白的这种功能，用聚合物仿造生物膜，并将水孔蛋白嵌入到聚合物膜中，从而达到从海水中过滤淡水的作用。

我国的海水淡化现状

　　我国目前已建成72套海水淡化装置，日产24万吨淡水，在建和待建的工程有56项。这些工程全部建成后，我国的海水淡化能力将达到日产220万吨。

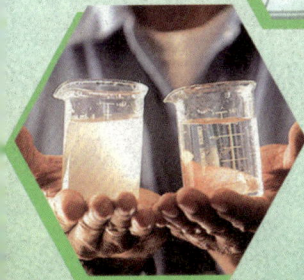

129

太空探险

你听说过哪些
太空探测器？

　　自苏联在1957年发射人造地球卫星后，人类就踏上了探索太空的旅程。到现在为止，人类发射的探测器已经探索了太阳系的所有行星星球，有些探测器则越过冥王星，继续往太阳系外侧飞去。

飞行探测器

　　这是一种精密的宇宙飞船，它能够近距离观察行星、月球以及太阳系的其他星球。飞船上配备摄像机、雷达以及无线电接收机等系统，记录在行星上发现的数据。它不着陆，只在空中飞行。

　　这种探测器中，最著名的当属"旅行者1号"和"旅行者2号"，它们在20世纪70年代发射，携带着对可见光、紫外线及红外线很敏感的摄像机，把观测到的影像传回地球，还能探测到带电粒子、磁场、宇宙射线以及奇特的宇宙气体（等离子体）。它们使用放射性材料保证能量供给，每个探测器都有16个小喷气发动机，向不同的方向喷气，保证它们能向任意方向自由飞行。

　　"旅行者号"目前飞过了海王星，飞向更远的太空，偶尔会给我们传回一

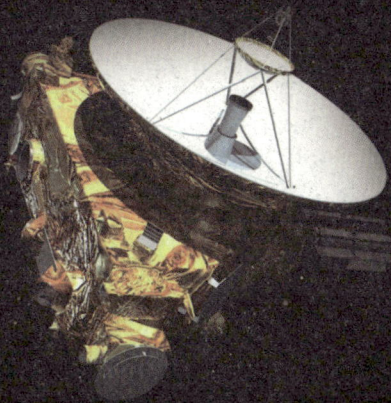

些信号。它们并不孤独，因为还有许多其他的飞行器：探索土星的"卡西尼号"、探索冥王星的"新视野号"……

着陆器

这是降落在天体表面的一种航天器。

这类着陆器一般会配备降落伞来减速，将最终速度控制在合理范围内，最终在天体表面软着陆。它们比飞行探测器要更高级一些，一般都配备各种机器人感官系统，包括摄像机、地震探测器等，有的甚至还有手臂，可以将行星上的东西捡起来。目前着陆器拜访过月球、金星、火星，还有土星的卫星。

巡视探测器

这是装有轮子或履带的着陆器，能够在星球表面四处移动进行探测。

月球车——"玉兔号"　"玉兔号"是我国设计制造的一种月球车，于2013年登上月球，成为自1973年苏联的"月球车2号"以来再次踏上月球表面的无人驾驶月球车。"玉兔号"月球车呈盒状，长1.5米，宽1米，高1.1米，重136千克，身穿耀眼的"黄金甲"，在反射月球白昼的强光，降低昼夜温差的同时，阻挡宇宙中各种高能粒子的辐射，保护月球车腹中的"秘密武器"——红外成像光谱仪、激光点阵器等10多套科学探测仪器。

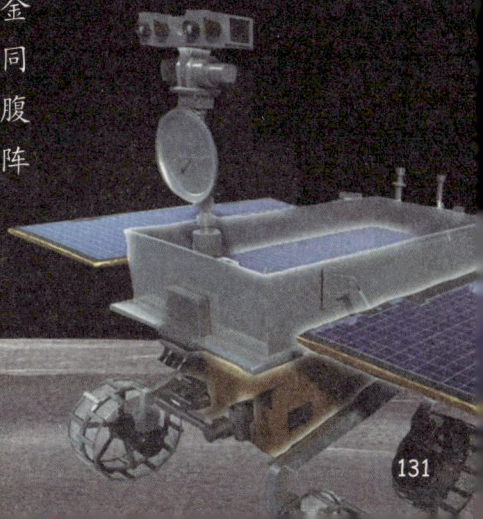

　　"玉兔号"月球车可以依靠自主导航，选路线、上下坡、避开障碍物，边走边"看"，并把探测到的数据自动传回地球，帮助人类直接准确地了解38万千米外的月亮。它的底部安装了一台测月雷达，可发射雷达波探测二三十米厚的月壤结构，还可以对月球下面100米深的地方进行探测。

　　它发现着陆区表面下至少分为9层结构，表明在那里曾有多个地质学过程发生，对于探索月球的岩浆演化历史和后期改造作用具有非常重要的意义。"玉兔号"在月球表面还发现了一种新型的岩石，这是一种玄武岩，其中含有钛元素。

　　2016年7月31日，"玉兔号"月球车停止工作并超额完成任务，共工作972天，远远超出预期的3个月。

　　火星车——"机遇号"和"好奇号"　为了在火星上寻找水以及生命体的痕迹，人类先后向火星派出了许多探测器。"索杰那号"是第一辆在火星表面登陆的火星车，它从火星表面的堆积物质中发现了水存在的可能性。

　　"勇气号"和"机遇号"是2004年从相反方向登陆火星的孪生火星车。"机遇号"和2012年登陆的"好奇号"火星车，成为外星球表面仍然"活"着的两个车型人造探测器。

你知道这些探测器是怎么在地外星球着陆的吗？

相比"机遇号","好奇号"更加先进，它有2台（其中一台为备用）IBM特制型号的电脑，还有一个十字体转台，五台可以350度旋转的设备。它有冲击钻、刷子和机制铲，用来筛分和分块粉状岩石和土壤样品，并在机身内的火星样本分析设备和化学和矿物学分析仪中进行化验，将分析结果及时回传地球。美国国家航空航天局科学家曾报告，"好奇号"发现火星土壤中含有丰富水分，重量百分比为1.5～3，显示火星有足够的水资源供给未来移民使用。

存在的问题

用探测器代替人去探索太空非常理想，但这并不是说进行空间探险是一件非常容易的事，这些探测器要面对一大堆的难题。比如电能供应、难以自我修复、距离遥远带来的指令延迟等问题，这需要探测器有更强的人工智能。

目前，着陆方式主要有三种：一是气囊弹跳式，二是着陆腿式，三是空中吊车式。每种方式都各有优缺点。

太空育种

如果把种子送上太空，你觉得植物的枝条会向哪个方向生长？

太空种子因何得名

太空种子是精选的作物种子通过航天飞行器搭载到太空，在空间特殊环境下使种子发生变化，然后再到地面进行优选的育种手段。种子上天转一圈，就叫"太空种子"，这种说法并不准确。其实上天只是完成种子太空升级的第一步，真正繁复的工作，是随后进行的地面培育、筛选和验证。只有经过这一系列的工作，这样的种子才能被真正地认定为"太空种子"。

太空育种最大的优势是什么？

卫星搭载的种子变异了

1962年8月和1964年10月，苏联科学家在"东方3号"和"上升号"宇宙飞船上搭载了紫踯草，待宇宙飞船返回地面时，科学家发现紫踯草的遗传性状遭到破坏。1987年8月，中国科学家在返回式卫星上搭载种子，卫星返回后这些种子经地面种植，也出现种子变异的情况，不过产量得到增加。这些都是种子经过太空游历后产生变异的实例。科学家认为，太空种子产生变异的原因主要是强辐射、微重力和高真空等太空综合环境因素诱发植物种子的基因变异。由于亿万年来地球植物的形态、生理和进化始终深受地球重力的影响，一旦进入失重状态，同时受到其他物理辐射的作用，将更有可能产生在地面上难以获得的基因变异。尽管如此，太空种子的变异概率还是相当低的。

大大缩短了育种时间。

植物在太空中怎样生长

随着科学技术的迅速发展，植物被宇航员带到太空中已有几十年的历史了，那么植物在太空中会怎样生长呢？你觉得植物会长出翅膀，会长出手和脚，会说话、唱歌，或穿上美丽的花裙子吗？1975年，航天员在太空中播种植物种子，经过观察发现，在没有重力作用的情况下，植物往往毫无方向地散乱生长，最终枯萎死亡。

太空种子"荣归故里"

种子在天上转一圈后，就会马上"华丽变身"，并结出累累硕果吗？据科学家介绍，从太空搭载回来的种子要晋级为名副其实的"太空种子"，至少也要经过4～6年的周期。

种子"荣归故里"后，会经历第一次试种，其中具有良好变异单株的会被挑选出来进行第二次种植。如此筛选到三四代时，才能获得遗传性状稳定的基因。总之，"太空种子"是那些经受住连续几年大量的地面筛选、稳定和鉴定试验并得到权威部门审定的"佼佼者"。

曾被"神舟七号"搭载的千年古莲子花开二度；"航天一号"小麦生命力顽强，耐盐碱、抗干旱能力强；太空玉米每株能结出6～7个果穗，长出5种颜色……如今航空育种基地已是遍地开花，大批优质的太空产品进入了人们的日常生活。据不完全统计，全国各地航天育种推广种植基地大大小小有100多个，推广种植面积累计近2000万亩。

保存种子中的"末代贵族"

2011年9月29日21时16分，我国自主研制的"天宫一号"发射升空，除了实现空间对接的重要任务外，还要搭载农作物种子进行太空实验。"天宫一号"此次还带有4种濒临灭绝植物的种子，分别是：珙桐、普陀鹅耳枥、望天树和大树杜鹃。这些都是植物种子中的末代贵族。人们希望利用太空特殊环境的诱变作用，令种子产生变异，使它们可能更加适宜存活和繁衍。

太空食品是天使还是魔鬼

太空育种最大的优势就是大大缩短了育种的时间，然而"辐射""基因突变"这些术语却给太空育种蒙上了一层神秘面纱，使人们在期待的同时有了不少的担忧。太空食品的安全问题始终牵动着亿万人的神经。实际上太空育种和"转基因"不是一回事。专家解释，太空育种不是用人工手段将外源基因导入作物中使之变异，而是让作物本身的染色体产生基因突变，这种变异在本质上和生物界的自然变异并无区别，只是改变了时间和频率而已，有的时候自然界几百万年才能完成的自然变异，也许在太空中一瞬间就完成了。

太空望远镜

你知道哪些太空望远镜的名字？

视力超强的太空望远镜

太空望远镜又叫光学望远镜，它是天文学家的主要观测工具之一。大多数天文学上用的光学望远镜，都是用一片大的曲面镜来代替透镜聚焦，这样可以确保灵敏的探测器能够最大限度地收集从遥远星球发出的微弱的光线。太空望远镜通常是在地球的上空飞行，这样它就可以避免因为地球大气层干扰而使得图像模糊不清。太空望远镜通常都具有惊人的视力，以有史以来最大、最精确的天文望远镜——哈勃望远镜为例，其清晰度是地面天文望远镜的10倍以上，其观测能力相当于从华盛顿看到1.6万千米外悉尼的一只萤火虫。

通信天线

光圈门

副镜

主镜

外罩

光盾

反作用轮

太阳能电池阵列

陀螺仪

仪器架

精细指导传感器

精细指导传感器

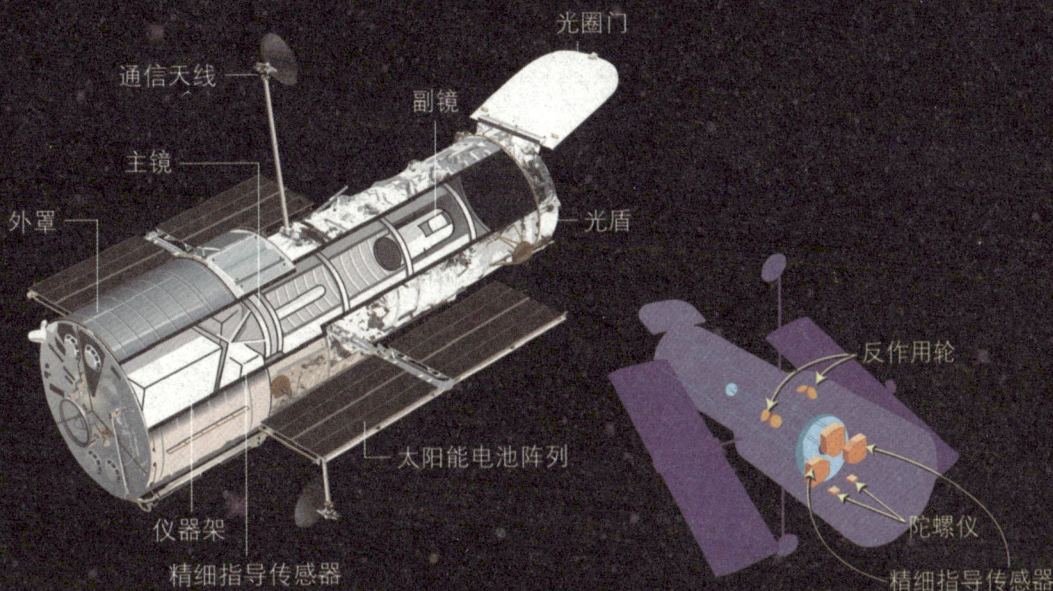

太空望远镜家族

太空望远镜通常从地球发射，被安放在大气层外"朦胧"的太空中，凭借其惊人的视野与敏锐的"洞察力"，为人类不断揭开宇宙的各种奥秘。太空望远镜根据其不同的制造原理，有很多家族成员，其中著名的有：观测可见光波段的哈勃太空望远镜，观测红外波段的史匹哲太空望远镜，观测X光波段的钱德拉太空望远镜，观察γ射线波段的费米太空望远镜等。

哈勃太空望远镜

哈勃太空望远镜，是以天文学家埃德温·哈勃的名字命名的，在环绕着地球轨道上的望远镜。它的位置在地球的大气层之上，因此获得了地面望远镜所没有的优势——影像不会受到大气湍流的扰动，视相度绝佳又没有大气散射造成的背景光，还能观测会被臭氧层吸收的紫外线星像。哈勃太空望远镜于1990年发射，并逐渐成为天文史上最重要的仪器。它填补了地面观测的缺口，帮助天文学家解决了许多根本上的问题，使他们对天文物理有更多的认识。哈勃太空望远镜的哈勃超深空视场使天文学家获得了史上最敏锐的光学影像。

史匹哲太空望远镜

史匹哲太空望远镜,是美国国家航空航天局于2003年发射的一颗红外天文卫星,它是大型轨道天文台计划的最后一台太空望远镜。该卫星以空间望远镜概念的提出者、美国天文学家莱曼·史匹哲的名字命名。史匹哲太空望远镜工作在波长为3～180微米的红外线波段,由于银盘上充满了大量的尘埃和气体,阻挡了可见光,因此在地球上无法直接用光学望远镜观测到银河系中心附近的区域。而红外线的波长比可见光长,能够穿透密集的尘埃,史匹哲太空望远镜正是通过红外线观测来帮助人们了解银河系的核心、恒星形成,以及太阳系外行星系统。

钱德拉太空望远镜

钱德拉太空望远镜是为了观察来自宇宙最热的区域的X射线而设计的。与可见光的光子相比,X射线更具能量,而且能够像子弹一样穿透光学望远镜所使用的抛物面镜。钱德拉太空望远镜除了分辨率高外,还具有集光能力强和成像的能量范围广等特点,并能精确地把光谱分解成不同的能量成分。它所获得的高能X射线数据将加深人类对黑洞、碰撞星系和超新星遗迹的了解。

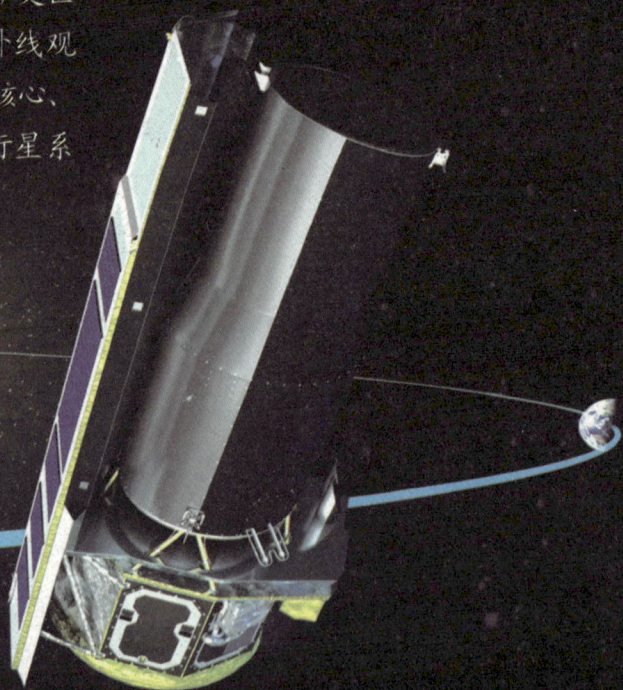

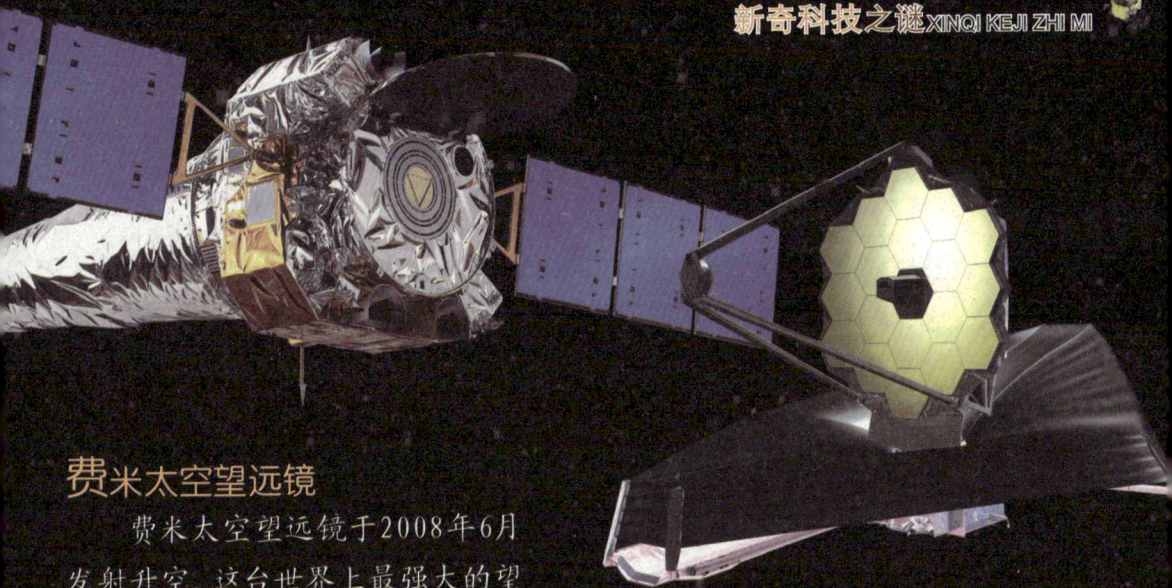

费米太空望远镜

费米太空望远镜于2008年6月发射升空。这台世界上最强大的望远镜是通过高能伽马射线来观察宇宙的。最初这台太空望远镜被称作"伽马射线广域空间望远镜"。但是当这台望远镜建成后开始正常运行时，人们又根据意大利科学家恩里克·费米的名字给它重新命名。由于有了费米伽马射线太空望远镜，不久后人们可能会对超大质量黑洞、暗物质和被称作伽马射线暴等一些宇宙中最令人费解的现象有更多了解。

扫描太空提速10000倍

来自20个国家70家机构的天文学家和工程师正在设计平方千米阵列，它的灵敏性是现有任何望远镜的50倍，观测天空的速度则是任何望远镜的10000倍。平方千米阵列将绘制宇宙磁场的三维图像，帮助科学家了解宇宙磁场如何稳定星系、影响恒星和行星的形成，以及调节太阳和其他恒星的活动。

费米太空望远镜是通过哪种射线来观测宇宙的？

我知道，是伽马射线。

太空垃圾大扫除

太空垃圾是自然生成的吗？

　　据《英国每日电讯报》报道，美国国家航空航天局预测在2011年9月24日，一颗已经报废的高层大气研究卫星因为失控会坠落到地球，击中人的概率是1/3200。这是30多年来最大号的太空垃圾，重达6吨，体积相当于一辆汽车，冲入大气层后最大的碎片重量可达150千克。若干天后的2011年10月12日，科学家们再度发出警告，2011年10月底会再次迎来太空人造物体对地球的冲撞：一座重量将近3吨的太空望远镜失去控制，正高速冲向地球，击中人的概率是1/2000。当然，虽然上述事件最终都是虚惊一场，但是足足让地球人捏了一把冷汗。

　　这些围绕地球轨道运行的无用的人造物体就是人们口中的太空垃圾。在地球上空预定的轨道上密布着各种尺寸、类型的太空垃圾，小到人造卫星的碎片、粉尘，大到整个火箭发动机。它们不仅可能会击毁卫星，甚至可能将宇航员杀死。

太空垃圾的危害

自1957年第一颗人造卫星进入太空后，时至今日世界各国已经发射了5000多颗卫星、火箭、探测器等航天器。与航天器数目增加相对应的是，太空垃圾的数量以每年2%至5%的速度递增。如果人类不加以治理，按这个速度，到300年后近地轨道可能将被太空垃圾填满。这些太空垃圾的运行时速高达4万千米，因而杀死宇航员的太空垃圾的直径仅需1毫米。

清扫太空垃圾的原理

既然太空垃圾有这么大的危害，我们如何加以清理呢？目前，清扫太空垃圾有几种方式，不过主要原理是改变这些太空垃圾的运行轨道，使其坠入大气层，在大气层中因为摩擦产生高热，从而使其焚毁。比如，在高轨道上运行的航天器，一般都将其转移到无用的轨道上去，甚至专门在太空设计一个航天器坟场；在低轨道上运行的大型航天器，则使其坠落到南太平洋航天器坟场。

此外，人们不断在想新的办法，比如利用激光清扫法、太阳帆清扫法、捕捉式清扫法、黏胶清扫法等方法来进行太空垃圾大扫除，或者研制出太空清洁车，在太空船中装入机械臂，通过机械臂抓住太空垃圾，将其掷入大气层中烧毁来加以处理。

> 如果科学家派你去清扫一个直径为5厘米的太空垃圾，你会选择哪种方法？

> 我选择激光清扫法。

激光清扫法

利用激光清扫太空垃圾，主要有两种模式。一种是将激光器建在地面上，由雷达和激光雷达组成的探测系统将定位运动的太空垃圾的位置，之后向其发射一系列激光脉冲，改变其轨道，并使其进入大气层，让它在大气中坠落并烧毁；另一种是将激光器建在太空，那么攻击距离就会大大缩短，而且所需的激光能量也更小。通常激光清扫法对于尺寸小于10厘米的残骸比较有效。

太阳帆清扫法

就像风驱动船帆一样，太阳辐射会对由超轻材料制成的太阳帆施加前进的力量。这些太阳帆能降低太空垃圾的速度，使其坠入大气层烧毁。太阳帆的布置很简单，即使只有50千克的小卫星，也能携带展开后面积约为9平方米的太阳帆。卫星进入太空后，就会打开太阳帆，人们通过控制太阳帆来控制卫星运行的速度。当某颗卫星成为太空垃圾后，就可以通过太阳帆改变其运行轨道。

捕捉式清扫法

　　这种系统由电缆和网组成。当进入低地球轨道后，系统会释放出电动的缆索，长约2400米的缆索具有导电能力，这种导电能力使它能用网罩住遇到的各种尺寸的太空垃圾，减慢其速度，并使其最终坠入大海或者在进入大气层的过程中烧毁。它甚至能捕捉在太空中翻滚的小尺寸太空垃圾。

太空薄雾清扫法

　　这种方法是用冷冻的薄雾降低太空垃圾的速度，使其逐渐坠入大气层。科学家计划用火箭发射一罐液化的气体（如二氧化碳），将其定位于目标物体附近。在目标接近至数千千米的距离时，喷射出冰冻的薄雾，这些小液滴能降低遇到它们的任何物体的速度。

黏胶清扫法

　　这个方法的核心部分就是黏性的球体。这些球体由一层金刚砂组成，外表上涂有黏胶（凝胶或树脂）。这些球体会粘上太空垃圾，然后一起坠入大气层烧毁。但是由于黏性球体无法压缩，因此需要巨大的太空船方能携带。

机器人清扫法

　　在太空船中装入机械臂，通过机械臂抓住太空垃圾并将其掷入大气层烧毁。

保护地球别被撞

你知道关于恐龙是如何灭绝的说法中，相对最普遍的说法是什么？

恐龙的灭绝之谜

恐龙是生活在距今大约2亿3500万年前至6500万年前的、能以后肢支撑身体直立行走的一类动物，它们作为当时地球上的霸主，支配全球陆地生态系统超过1亿6千万年之久。然而这个当时占有绝对统治地位的种群却神秘地灭绝了，现今关于恐龙是如何灭绝的原因众说纷纭，其中相对最为普遍和权威的说法是大约6500万年前，一颗陨星击中了地球。撞击发生后，地球上到处都是大火，大量的尘埃抛向大气层，形成遮天蔽日的尘雾，导致气温下降、植物的光合作用暂时停止，恐龙因没有食物而灭绝了。

威胁地球的近地天体

近地天体（NEO）是轨道距离地球轨道的最近距离小于1.3个天文单位（1天文单位约等于1.496亿千米），并因此有可能产生撞击危险的小行星、彗星以及大型流星体的总称。近地天体的数量在100万～200万个之间，其中很多的运行轨道距离地球都不到4800万千米。尽管目前我们探测到并追踪的4535个近地天体中（其中704个是庞然大物），没有一个可能与地球发生碰撞，但是很难说其他潜藏在宇宙中的数以百万计的近地天体不会与地球发生毁灭性的撞击。

恐怖名单

在美国国家航空航天局可能威胁地球的近地天体黑名单中，有140颗高度危险的小行星榜上有名。其中最危险的是一颗名为"破坏之神"的小行星，这颗小行星在2004年被发现，编号99942，直径约为250米。根据预测，这颗小行星将在2029年4月13日从距离地球35000千米的地方掠过，这可比绝大多数的气象卫星距离地球还要近8000千米。届时，人们甚至可以通过肉眼就能看到这颗小行星。

保护地球别被撞

一旦这些天体和地球发生碰撞，将会给人类带来毁灭性的打击，因而人们开始研究各种保护地球免受撞击的办法。

核武器打击 人类早已拥有威力足以摧毁小行星的核武器，所以人们最先想到使用核武器来避免撞击，但是这种方法可能会带来一个新的危险——将一颗致命的小行星变成众多体积更小、却同样致命的小行星。这些小行星的飞行轨道将无法预测，而且还会带有放射性。

太空船撞击法 用太空船撞击小行星来使其偏离轨道。虽然这种方法带来新危险的可能较小，但是实际操作起来的难度却远远大于核弹打击法。

岩石火箭法 用一面反光镜将阳光的能量集中在小行星表面的一点，让这一点上的物质脱落并气化，从而能像火箭推进器一样，推动小行星偏离可能与地球相撞的轨道。

拖离轨道法 用一个航天器向前拖动或向后推小行星，从而提高或降低它的速度来达到改变其运行轨道的目的。

历史上的撞击

6500万年前，一颗直径约为14.5千米的陨星击中了今天的墨西哥东部海岸地区。撞击引发了连环爆炸和大火，天空被有毒的浓烟所覆盖。

1908年6月30日，一个不明物体——据猜测是一颗直径在60～100米之间的彗星在西伯利亚古斯卡可盆地的中央地区爆炸。这次爆炸摧毁了1000平方千米的森林，但幸运的是没有造成人员伤亡。

1954年11月30日，一颗直径15～20厘米、重约3.86千克的陨石击穿了美国亚拉巴马州的一栋房屋的屋顶，并击中了一位32岁妇女的左肩和臀部。

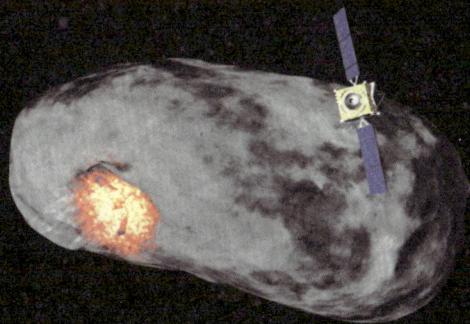

将来可能发生的撞击

2029年4月13日，编号为99942的小行星"破坏之神"将从距离地球很近的地方掠过。地球的重力也许会干扰这颗直径约250米的小行星的运动，增加其在2036年4月13日返回时与地球相撞的概率。

2880年3月16日，直径约800米的小行星"1950 DA"有三百分之一的几率与地球发生相撞，这是迄今为止与地球相撞概率最大的一个物体。

用核武器摧毁可能与地球发生碰撞的天体是完全安全的，对吗？

这种说法是不对的。

向空间站进发

你知道空间站是什么吗？

在电影《地心引力》中，主人公在国际空间站上经历了一场惊心动魄的逃亡之旅。看过电影的人一定很疑惑，到底什么是国际空间站。这是人类历史上最大的空间站，应该是有史以来最酷的一个"空中小屋"了，它距离地球大约400千米。现在，中国人也要建自己的空间站了！

空间站又称做太空站，是运行在外层空间的人造舱。和宇宙飞船相比，空间站并不一定会搭载着航天员发射升空，但它有适合人类长时间居住的设计，可以作为宇航员在太空停留和工作的场所。空间站能提供地面实验设施所不能提供的低重力、宇宙空间环境等条件，主要被用于各种科学研究（尤其是研究长期滞留宇宙对人体的影响）。

1986年，苏联建成了人类历史上首个可长期驻留的空间站"和平号"。1998～2011年俄美等国又合作建成人类历史上最大的空间站——国际空间站。下面，就让我们一起来看一下我们国家的情况吧。

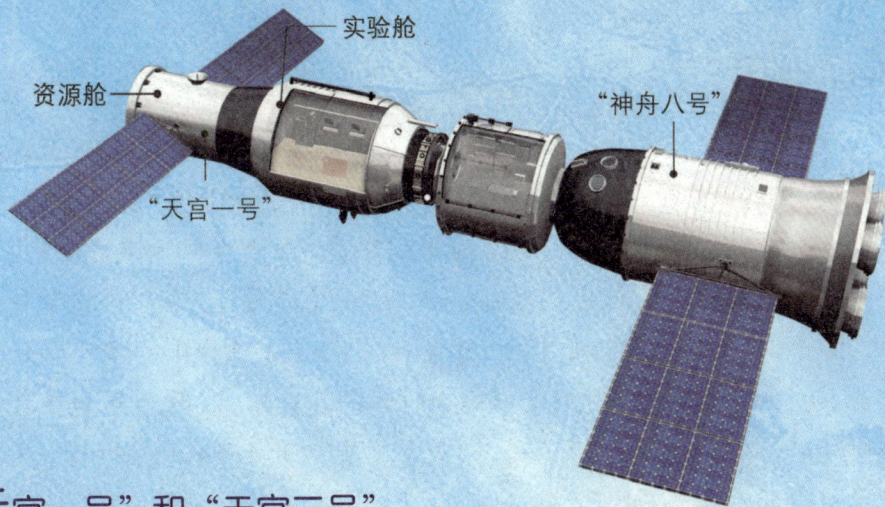

资源舱

实验舱

"天宫一号"

"神舟八号"

修正轨道面

"天宫一号"和"天宫二号"

为了建成中国人自己的空间站，2011年，我们发射了"天宫一号"，这是空间实验室的实验版，主要是为了验证交会对接技术，它和"神舟八号"的"深情一吻"，让中国成为世界上第三个完整掌握空间对接交会技术的国家。

在此基础上，2016年9月15日，我们又发射了"天宫二号"，它是一个小型空间实验室，除了进一步验证交会对接技术外，科学家、航天员们将在里面展开各种工作和试验，为未来真正的空间站的在轨长期运行、开展大规模空间科学实验和空间技术实验做准备。

"神舟"系列飞船

如果说空间站是"小屋"，那么"神舟"系列飞船就是到访的客人了。这是我国自主研发的载人航天飞船，由推进舱、返回舱、轨道舱和附加对接机构（"神舟八号"及之后飞船）组成。从"神舟一号"到"神舟五号"，我们掌握了把人送上太空的技术，"神舟八号"到"神舟十号"与"天宫一号"顺利完成了有人及无人自动对接试验，"神舟十一号"又将两名航天员送进"天宫二号"，开展太空实验。

"神舟十一号"与"天宫二号"的"太空之吻"

神秘的"太空之吻",指的是空间交会对接技术,指两个航天器在空间轨道上会合并在结构上连成一个整体。在发射"神舟十一号"之后,它不断变轨接近"天宫二号"。到了一定的距离,大概在50千米左右时,"神舟十一号"上的测量敏感器就能够看到"天宫二号",这时它就会自主控制,接近"天宫二号"完成对接。对接时,连小到指甲大小的齿轮和针头大小的接口,都要严丝合缝对在一起。顺利完成对接后,两者开始在太空中连体飞行。对接之后,航天员进入"天宫二号",开始了一个月的太空生活,开展大量的科学和应用试验。他们的活动空间是空间实验室,包括资源舱和实验舱两个部分。

太空实验

"天宫二号"是中国最忙碌的空间实验室,各类计划的实验项目达到14项,涉及微重力基础物理、空间材料科学、空间生命科学等多个领域,其中两项由航天员直接参与操作。这些项目中,大多是当前世界最前沿的探索领域。

空间冷原子钟实验 "天宫二号"搭载一台冷原子钟进入太空,这台钟没有钟摆,也没有秒针走路的滴答声,"长相"是完全不符合人们预期的黑色圆柱体状。利用太空微重力条件,这台冷原子钟的稳定度将高达10^{-16},可以将航天器自主守时精度提高两个数量级,有望实现3千万年间误差仅一秒的超高精度,对卫星定位导航等生产生活及引力波探测等空间科学研究将产生重大影响。例如,能大幅提

高北斗卫星定位系统的导航精度。

高等植物培养实验 植物学家在地面精心挑选水稻和拟南芥的种子,种子在休眠状态下坐在舒适温暖的"保暖箱"中随着太空实验室进入轨道。科学家们将在地面遥控指挥启动实验过程,借助实时成像技术,研究人员观察微重力条件下拟南芥和水稻从种子萌发、幼苗生长和开花发育全过程。航天员回收部分拟南芥样品,用于后续分析。

这些研究为解析微重力条件下高等植物形态建成,以及从种子萌发、营养生长向生殖生长转变过程的调控机理提供新的知识,对植物栽培和品种选育等都具有重要意义。

伽马暴偏振探测试验 "天宫二号"携带国际首个专用的高灵敏度伽马射线暴偏振测量仪器,这项由中国、瑞士和波兰三国科学家合作开展的伽马暴偏振探测项目(POLAR)是中国空间天文"黑洞探针"计划的组成部分。仪器测量宇宙的伽马暴射线和散射状态,以黑洞等极端天体作为恒星和星系演化的探针,理解宇宙极端物理过程和规律,研究揭示宇宙结构、起源、演化等问题。

中国未来的空间站

中国计划2018年前后发射空间站试验性核心舱,2022年前后发射20吨级舱段组合的空间站。相信不远的将来,中国人就有自己的空间站了。

"神舟十一号"与"天宫二号"的"太空之吻"是指什么技术?

空间交会对接技术。

脑力大激荡

1. 发明造纸术的古代科学家是 （ ）
   A.蔡伦　　B.毕昇　　C.沈括　　D.张衡

2. 手机中的"蓝牙"这个名称来源于10世纪哪个国家国王的名字？ （ ）
   A.西班牙　B.匈牙利　C.丹麦　D.英格兰

3. 下列各项中，不属于5G网络的优点的是 （ ）
   A.高速度　B.低延时　C.高容量　D.封闭性

4. 电影《机器人总动员》获得了第81届奥斯卡 （ ）
   A.最佳外语片奖　　　B.最佳动画长片奖
   C.最佳动画短片奖　　D.最佳纪录片奖

5. 1997年，击败了当时世界国际象棋排名第一的棋手的超级计算机名叫 （ ）
   A.沃森　B.深蓝　C.谷歌　D.大卫

6. 虚拟现实的英文缩写是 （ ）
   A.AR　　B.MR　　C.OR　　D.VR

7. 下列不属于智能制造的是 （ ）
   A.3D打印　　　　B.智能机床
   C.电子计算机　　D.工业智能机器人

8. 现代物理的两大支柱是相对论和 （ ）
   A.量子力学　　B.牛顿力学
   C.热力学　　　D.信息科学

9. 1纳米等于 （ ）
   A.百万分之一米　　B.千万分之一米
   C.一亿分之一米　　D.十亿分之一米

10. 下列不能提取指纹的方法是 （ ）
    A.碘熏法　　　　B.宁海得林法
    C.氯化银法　　　D.荧光试剂法

11. 医学界一般将肿瘤分为哪两大类？ （ ）
    A.良性和恶性　　　B.前期和后期
    C.小型和大型　　　D.规则和不规则

12. 人体中的常染色体共有 （ ）
    A.16对　　B.22对　　C.23对　　D.32对

13. 世界上第一只克隆羊的名字为 （ ）
    A.多塞特　B.玛丽　C.伊恩　D.多莉

14. 太阳每年向地球倾泻的能量相当于 （ ）
    A.58亿千瓦　　　　B.85亿千瓦
    C.58万亿千瓦　　　D.85万亿千瓦

15. 按照目前的使用量，天然气还能供应人类 （ ）
    A.80年　　B.120年　　C.160年　　D.200年

16. 如果人们能全部利用洋流，它每5天发出的电能足够我国所有家庭使用 （ ）
    A.3个月　B.6个月　C.1年　D.2年

17. 下列物质中，最晚被人们发现的是 （ ）
    A.电子　　B.X射线　　C.质子　　D.中子

18. 下列不属于光导管照明组成部分的是 （ ）
    A.采光罩　B.天然硅砂　C.光导管　D.漫射器

19. 发明世界上第一架飞机的是 （ ）
    A.瓦特　B.莱特兄弟　C.贝尔　D.卡尔·本茨

20. 最初作为航空生物燃料的生产原料是 （ ）
    A.草　　B.树　　C.海藻　　D.粮食作物

21. 无人机可以用来 （ ）
    A.送货　B.喷洒农药　C.检测环境　D.以上都可以

22. 世界汽车诞生年是 （ ）
    A.1873年　B.1881年　C.1886年　D.1890年

23. 发明汽车安全气囊的是 　　　（　　）
　　A.赫特里克
　　B.罗伯特·戴维森
　　C.亨利·福特
　　D.古斯塔夫·特鲁夫

24. 世界上第一条高速铁路建于 　（　　）
　　A.美国　B.中国　C.日本　D.德国

25. 在极限情况下攀登山丘,无级变速自行车能实现的最大变速是 　（　　）
　　A.2:1　　B.3:1　　C.4:1　　D.5:1

26. 巨无霸吊车的吊臂最高能延伸至 （　　）
　　A.90米　B.170米　C.200米　D.230米

27. 我国最早的身份证是用什么材料制作的?
　　　　　　　　　　　　　　（　　）
　　A.象牙　　B.木头　C.竹板　　D.金属

28. 软体防弹衣的主要材料是 　　（　　）
　　A.氧化铝等硬质非金属材料
　　B.超软铝合金
　　C.高性能纺织纤维
　　D.特种软质钢板

29. 利用微弱电流就能独立工作10年时间的抗火新武器是 　　　　　　（　　）
　　A.消防斧
　　B.空中红外传感器
　　C.小型气象监测站
　　D.卫星监测

30. 马桶医生最重要的帮手是 　　（　　）
　　A.拥有尿液检测的全自动智能坐便器
　　B.脂肪测试仪
　　C.血压仪
　　D.体重秤

31. 利用果蝇发现伴性遗传的生物学家是
　　　　　　　　　　　　　　（　　）
　　A.孟德尔　B.摩尔根　C.达尔文　D.托马斯

32. 根据联合国的报告,2025年全世界生活在饮用水不足地区的人口比例将达到 （　　）
　　A.2/3　　　B.1/2　　　C.1/3　　　D.3/4

33. 下列不属于火星车的是 　　　（　　）
　　A."索杰那号"
　　B."玉兔号"
　　C."机遇号"
　　D."好奇号"

34. 植物在无重力的情况下会 　　（　　）
　　A.依然向上生长
　　B.毫无方向地散乱生长
　　C.往一侧方向生长
　　D.螺旋上升生长

35. 为了观察来自宇宙最热区域的X射线而设计的太空望远镜的名字是 （　　）
　　A.哈勃　B.史匹哲　C.钱德拉　D.费米

36. 进入太空的第一颗人造卫星是在 （　　）
　　A.1957年　B.1959年　C.1960年　D.1969年

37. 2004年发现的"破坏之神"小行星直径约为
　　　　　　　　　　　　　　（　　）
　　A.60米　　B.100米　C.250米　　D.800米

38. 人类历史上首个可长期驻留的空间站是
　　　　　　　　　　　　　　（　　）
　　A."和平号"空间站　　B.国际空间站
　　C."天宫一号"　　　　D."天宫二号"

图书在版编目（CIP）数据

新奇科技之谜/李瑞宏主编.——杭州：浙江教育
出版社，2017.4（2019.4重印）
（探秘世界系列）
ISBN 978-7-5536-5683-0

Ⅰ.①新… Ⅱ.①李… Ⅲ.①科技—少儿读物
Ⅳ.①N49

中国版本图书馆CIP数据核字（2017）第063853号

探秘世界系列

新奇科技之谜

XINQI KEJI ZHI MI

李瑞宏 主编　郭寄良 副主编
高 凡 陆 源 胡 星 编著 米家文化 绘

出版发行	浙江教育出版社
	（杭州市天目山路40号　邮编：310013）
策划编辑 张 帆	**责任编辑** 谢 园
文字编辑 张家浚	**美术编辑** 曾国兴
封面设计 韩吟秋	**责任校对** 雷 坚
责任印务 刘 建	**图文制作** 米家文化
印　　刷	北京博海升彩色印刷有限公司
开　　本	787mm×1092mm 1/16
印　　张	10.25
字　　数	205000
版　　次	2017年4月第1版
印　　次	2019年4月第2次印刷
标准书号	ISBN 978-7-5536-5683-0
定　　价	38.00元